本书由南京水利科学研究院出版基金资助出版

用水权改革模式机制研究与实践

赵志轩 王彦兵 等 ◎ 编著

河海大学出版社
HOHAI UNIVERSITY PRESS

·南京·

内 容 提 要

本书面向新时期水资源管理和用水权改革实践需求，结合宁夏改革经验，系统阐述了用水权改革的理论体系和模式机制。全书共分为 8 章，在剖析水资源多重权属的概念和内涵后，围绕用水权确权、定价、交易、监管等关键环节，应用法学、经济学、水资源管理等领域知识开展跨学科研究，界定了用水权、可交易水权的边界和范围；面向水资源刚性约束制度和精细化管理需求，提出了基于定额的用水权精细确权方法；提出了用水权交易基准价的计算方法；系统分析论证了用水权的商品属性和融资功能；构建了"有为政府"与"有效市场"相结合的用水权交易制度体系，提出了多项制度创新举措，形成了多种创新型交易模式；面向用水权交易前中后不同阶段，建立了基于过程管控的用水权交易监测监管体系。

本书可供水资源管理、用水权交易市场建设等领域的科研人员及高等院校相关专业的师生阅读，也可供各级政府水行政主管部门在进行水资源管理和决策时参考。

图书在版编目(CIP)数据

用水权改革模式机制研究与实践 / 赵志轩等编著.
南京：河海大学出版社，2024.12. -- ISBN 978-7-5630-9570-4
Ⅰ. TV213.4
中国国家版本馆 CIP 数据核字第 2025HT1556 号

书　　名	**用水权改革模式机制研究与实践**
	YONGSHUIQUAN GAIGE MOSHI JIZHI YANJIU YU SHIJIAN
书　　号	ISBN 978-7-5630-9570-4
责任编辑	张心怡
特约校对	马欣妍
封面设计	张世立
出版发行	河海大学出版社
地　　址	南京市西康路 1 号(邮编:210098)
电　　话	(025)83737852(总编室)　(025)83722833(营销部)
经　　销	江苏省新华发行集团有限公司
排　　版	南京布克文化发展有限公司
印　　刷	广东虎彩云印刷有限公司
开　　本	718 毫米×1000 毫米　1/16
印　　张	13.25
字　　数	242 千字
版　　次	2024 年 12 月第 1 版
印　　次	2024 年 12 月第 1 次印刷
定　　价	72.00 元

本书撰写委员会

编　　著：赵志轩　王彦兵　麦　山　马德仁　暴路敏
撰写团队：田贵良　陈　丹　张　娜　李海霞　魏芳菲
　　　　　吴皓天　刘福荣　景清华　司建宁　王怀博
　　　　　徐　阳　郗玥颖　柴　婷　王怡宁　徐学峰
　　　　　马浩成　杨丽美　张红玲　杨　苗　邓良号
　　　　　邓晰元　吴丙坤　张瑞鹏　王生鑫　辛黎东
　　　　　闫　雪　吴　丹　周嘉伟　赵婧怡　程　良
　　　　　李奥云　倪玲玲　王澎喆　王若禹　黄　鹤
　　　　　赵志楠

组织单位：宁夏回族自治区水利厅
　　　　　宁夏回族自治区水利调度中心
　　　　　水利部交通运输部国家能源局南京水利科学研究院
　　　　　河海大学
　　　　　宁夏水利科学研究院

前言
Preface

我国水资源相对短缺、时空分布极不均衡,水资源供需矛盾是当前和今后一个时期我国全面建设社会主义现代化国家的重大制约因素之一。用水权交易是盘活存量水资源、促进水资源优化配置的重要手段,是发挥市场机制强化水资源刚性约束、促进水资源节约集约利用的重要举措。自2000年浙江省东阳市与义乌市首次开展水权交易以来,经过20余年的发展,我国用水权交易市场建设持续推进,取得了阶段性成效,但仍存在水权归属不清、市场机制不健全、交易不活跃等问题,与突出"两手发力"、充分发挥市场在资源配置中的决定性作用等要求不相适应。在现行水资源管理制度框架下,如何合理界定可交易水量边界范围,如何开展用水权初始分配与确权、合理定价、建立市场化交易机制、健全交易监测监管体系,已受到政府部门、社会公众和科研人员的广泛关注,同时也成为水资源管理领域研究的前沿和热点问题。

本书围绕水资源刚性约束下建立健全用水权交易市场的理论体系及模式机制的重大实践需求,以建立良性运行的用水权市场化交易机制为主线,以水资源管理、法学、经济学等相关领域交叉研究为特色,从资源产权归属的角度,明晰用水权的内涵,并分析了用水权的"准用益物权""准财产权"等私权属性;体现水资源刚性约束要求,以用水户或最适宜计量单元为对象,兼顾公平和效率,提出了初始用水权分配与精细确权方法;提出了农业、工业用水权交易基准价的形成机理,构建了基于模糊数学的用水权基准价测算模型,实现了用水权交易基准价定量测算;围绕用水权价值实现机制、用水权交易制度及交易模式创新、用水权市场化配置、面向交易全过程的监测监管体系等,进行了系统分析论证,通过制度集成创新,进一步完善了用水权交易理论体系及模式机制，并为宁夏用水权交易市场建设和交易实践提供了技术支撑。

　　本书共8章。第1章为绪论，主要介绍研究背景、逻辑框架与研究方法；第2章阐述了水资源多重权属的概念内涵、权利属性与内容，并探讨了各项权利间的区别和联系；第3章研究了水资源刚性约束下初始用水权分配与用水权精细确权理论方法；第4章探讨了用水权价值实现机制；第5章探讨了用水权交易制度体系构建与交易模式实践创新；第6章主要阐述了用水权市场化配置相关体制机制建设内容；第7章构建了基于过程管控的用水权交易监测监管体系；第8章围绕宁夏用水权改革实践，提出了建立用水权交易市场良性运行机制的相关建议。

　　本书的研究工作得到了国家重点研发计划课题"跨流域调水系统多水源均衡配置理论与模型"（编号：2022YFC3204601）、宁夏回族自治区水利科技项目"水资源刚性约束下用水权改革理论体系及模式机制研究"等的资助。本书得到了水利部、宁夏回族自治区水利厅等相关单位的大力支持，在此深表感谢！

　　由于跨学科研究的复杂性，加之编者水平所限，书中难免存在错漏之处，敬请批评指正。

作者
2024年5月

目录
Contents

第1章 绪论 ·· 001
  1.1 研究背景 ·· 001
  1.2 逻辑框架与研究方法 ··· 002
      1.2.1 逻辑框架 ··· 002
      1.2.2 研究方法 ··· 003

第2章 水资源多重权属及可交易水权边界分析 ··· 006
  2.1 水权相关概念 ·· 006
      2.1.1 水资源所有权 ·· 006
      2.1.2 取水权 ·· 011
      2.1.3 用水权 ·· 014
      2.1.4 可交易用水权 ·· 019
  2.2 水资源多重权属的区别和联系 ··· 024
      2.2.1 主体 ··· 024
      2.2.2 客体 ··· 024
      2.2.3 权利内容 ··· 025

第3章 水资源刚性约束下用水权精细确权理论方法 ································· 026
  3.1 水资源刚性约束基础理论 ·· 026
      3.1.1 水资源刚性约束的内涵 ·· 026
      3.1.2 水资源刚性约束制度与用水权改革的内在联系 ························· 029

3.1.3 "四水四定"的科学内涵 ·· 030
　　　3.1.4 "四水四定"的逻辑思路 ·· 034
　　　3.1.5 水资源对"城-地-人-产"的约束机制 ······························· 036
　　　3.1.6 "四水四定"约束指标体系 ··· 038
　　　3.1.7 "四水四定"约束下经济社会高质量发展的综合战略 ········· 039
　　3.2 国内外用水权初始分配案例分析及启示 ·································· 041
　　　3.2.1 国内相关案例 ·· 041
　　　3.2.2 国外相关案例 ·· 047
　　　3.2.3 相关经验借鉴 ·· 050
　　3.3 水资源刚性约束下用水权初始分配方法 ·································· 051
　　　3.3.1 用水权初始分配与确权总体思路 ···································· 051
　　　3.3.2 区域初始用水权分配理论方法研究 ································· 054
　　　3.3.3 刚性约束下宁夏用水权初始分配案例 ····························· 065
　　　3.3.4 用户尺度用水权精细确权理论方法 ································· 073
　　　3.3.5 宁夏用水权精细确权方法 ··· 079

第4章 用水权价值实现机制研究 ·· 087
　　4.1 用水权商品属性分析 ·· 087
　　　4.1.1 水资源具有价值和使用价值 ·· 087
　　　4.1.2 水资源的稀缺性是水资源商品化的重要驱动力 ··············· 087
　　　4.1.3 用水权属于特殊的商品 ·· 088
　　　4.1.4 用水权交易是水资源商品化交易的具体表现形式 ··········· 089
　　4.2 用水权基准价测算理论方法及应用 ··· 089
　　　4.2.1 用水权基准价的定义及特征 ·· 089
　　　4.2.2 用水权交易基准价格影响因素分析 ································· 091
　　　4.2.3 不同用途用水权交易基准价格形成机理 ························· 095
　　　4.2.4 用水权交易基准价格测算理论与方法 ····························· 097
　　　4.2.5 宁夏用水权交易基准价格测算 ······································· 106
　　4.3 用水权的金融属性及融资功能分析 ··· 111
　　　4.3.1 用水权的金融属性分析 ·· 111
　　　4.3.2 用水权融资功能研究 ··· 114
　　　4.3.3 宁夏用水权绿色金融改革创新举措 ································· 117

第5章 用水权交易制度体系构建与交易模式 ··· 122
5.1 用水权交易中市场与政府的角色与作用 ··· 122
5.1.1 政府的角色与作用 ··· 122
5.1.2 市场的角色与作用 ··· 127
5.1.3 用水权交易市场"有为政府"与"有效市场"双轮驱动体系构建 ··· 129
5.2 用水权交易制度体系构建——以宁夏为例 ··· 131
5.2.1 宁夏用水权改革背景及总体思路 ··· 131
5.2.2 明确用水权"准用益物权"属性，建立用水权有偿取得制度 ··· 133
5.2.3 创新收储交易模式，拓展可交易水量范围 ··· 139
5.2.4 制定交易规则和交易分配激励机制 ··· 141
5.2.5 用水权交易模式实践创新 ··· 148

第6章 用水权市场化配置中的价格机制研究 ··· 154
6.1 水资源税、供水水价与用水权有偿使用费的关系 ··· 154
6.1.1 水资源税与供水水价之间的关系 ··· 154
6.1.2 用水权有偿使用费与水资源税的关系 ··· 157
6.2 深化供水水价分类改革 ··· 157
6.2.1 完善非农用户水价体系 ··· 157
6.2.2 深化农业水价改革 ··· 159
6.3 深化水资源税改革 ··· 162
6.3.1 调整公共供水管网用水户的水资源税计税环节 ··· 162
6.3.2 建立取水许可和水资源税征收联动机制 ··· 166

第7章 基于过程管控的用水权交易监测监管体系构建 ··· 169
7.1 用水权交易监测监管现状分析 ··· 169
7.1.1 取水监测计量现状 ··· 169
7.1.2 用水权交易监督管理现状 ··· 170
7.2 加快取用水监测计量体系建设 ··· 171
7.2.1 用水权交易监测计量点位选择及其对交易水量的影响 ··· 172
7.2.2 完善交易水量监测计量体系 ··· 173

  7.2.3 强化取用水在线监测与信息系统建设……………………175
 7.3 面向交易全过程的用水权交易监管主体及其职责划分…………176
  7.3.1 行政监管……………………………………………………176
  7.3.2 中介机构监督………………………………………………178
 7.4 监管对象及监管重点………………………………………………179
  7.4.1 监管对象……………………………………………………179
  7.4.2 监管重点……………………………………………………180
 7.5 监管方式……………………………………………………………182
  7.5.1 常规监督检查………………………………………………182
  7.5.2 其他监督检查方式…………………………………………183

第8章 宁夏用水权交易市场良性运行机制研究……………………184
 8.1 宁夏用水权改革存在的主要问题…………………………………184
  8.1.1 关键环节尚缺乏上位法支撑………………………………184
  8.1.2 用水权改革制度体系与现行水资源管理制度衔接有待加强
    ……………………………………………………………187
  8.1.3 用水权收储制度和机制有待完善…………………………188
 8.2 建立宁夏用水权交易市场良性运行机制的相关建议……………189
  8.2.1 完善法律法规体系…………………………………………190
  8.2.2 完善用水权收储政策制度体系……………………………191
  8.2.3 强化用水权改革制度体系与现行水资源管理制度衔接
    ……………………………………………………………192
  8.2.4 强化用水权改革收储交易市场化运作……………………193

参考文献………………………………………………………………196

第1章 绪论

1.1 研究背景

　　自 2000 年浙江省东阳市与义乌市在全国率先开展水权交易实践以来,经过 20 余年的探索,我国用水权改革取得了阶段性显著成效,但与发达国家相比,我国水权制度体系仍不健全,包括关键环节缺乏上位法支撑、初始水权分配体系不健全、价格形成机制不完善、用水权交易市场不活跃、交易监管与风险防控不到位等。2014 年,习近平总书记在中央财经领导小组第五次会议上明确指出,水已经成为了我国严重短缺的产品,成了制约环境质量的主要因素,成了经济社会发展面临的严重安全问题。习总书记还提出了"节水优先、空间均衡、系统治理、两手发力"的治水思路,科学回答了治水中政府与市场的关系等重大问题,为破解新老水问题、新阶段我国水利高质量发展提供了根本遵循和行动指南。我国迫切需要树立尊重自然、顺应自然、保护自然的生态文明理念,坚持"节水优先、空间均衡、系统治理、两手发力"的治水思路,统筹山水林田湖草沙系统治理,以用水权改革为切入点,构建水资源刚性约束下深化用水权改革理论体系,破除用水权改革的体制机制障碍,创新用水权交易模式,为落实水资源刚性约束制度、推进经济社会高质量发展提供支撑。

　　本书以法学、经济学、水资源管理等理论为依据,结合宁夏用水权改革实践需求,以构建良性运行的用水权交易市场为核心,基于《中华人民共和国水法》(以下简称《水法》)、《取水许可和水资源费征收管理条例》等法律法规,在界定水资源所有权、取水权、用水权、可交易水权等相关概念内涵基础上,提出基于"四水四定"原则的区域初始水权分配方法、基于定额的用水权精细确权方法,构建水资源刚性约束制度下用水权初始分配和确权的理论方法体系;依据《中华人民共和国宪法》(以下简称《宪法》)、《中华人民共和国民法典》(以下简称《民法典》)等法律,分析用水权的"准用益物权""准财产权"属性及融资功能,分析用水权有偿取得的理论、法律和现实依据,提出"基准价+竞价"的用水权交易定价模式,探索建立用水权有偿取得制度;创新提出"合同节水+用水权交易"等收储交易模式,探索建立用水权分级收储调控制度,制定用水权交易规则,激发用水权市场活力;完善取用水监测计量体系,搭建用水权交易平台和精细化管控平台;建立健全用水权交易监管制度体系,提出面向用水权交易全过程监管的对策建议。最后,以用水权改革需求迫切、基础条件好的宁夏回族自治区(以下简称宁夏)为典型区域,研究提出水资源刚性约束下用水权改革实践创新成果。

1.2 逻辑框架与研究方法

1.2.1 逻辑框架

本书以探索水资源刚性约束下用水权改革的模式路径为出发点,围绕确权、定价、交易、监管等环节,结合宁夏改革实践,通过开展跨学科研究,提出治水新思路下的用水权改革全链条创新成果。全书共分为8章。

第1章为绪论,概括性介绍了研究背景,阐释了本书的逻辑框架及所采用的研究方法。

第2章为水资源多重权属及可交易水权边界分析。本章以水资源所有权、取水权、用水权、可交易水权为对象,重点剖析了我国水资源多重权属的概念内涵,阐述了各项水资源权属的权利属性和权利内容;最后,从权利主体、权利客体、权利内容等不同角度进行对比,分析了多重权属的区别和联系。

第3章为水资源刚性约束下用水权精细确权理论方法。首先,本章分析了水资源刚性约束等理论基础,阐述了"四水四定"的科学内涵,剖析了水资源对"城-地-人-产"的约束机制;其次,通过梳理总结国内外用水权初始分配典型案例,概括性地提出了可借鉴的相关经验;最后,提出了水资源刚性约束下区域初始用水权分配的方法。

第4章为用水权价值实现机制研究。本章按照层次递进的思路,首先,分析了用水权的商品属性;其次,研究提出了用水权交易基准价测算理论方法,并以宁夏为典型区域,分水源、分用户测算了交易基准价格;最后,阐述了用水权作为一种特殊商品所具有的金融属性和融资功能,提出了宁夏用水权绿色金融改革的创新举措。

第 5 章为用水权交易制度体系构建与交易模式。首先,本章剖析了政府、市场在用水权交易市场建设中承担的角色;其次,阐述了宁夏设立用水权有偿取得制度、激活用水权市场的相关实践经验;最后,梳理了宁夏新一轮用水权改革过程中形成的创新性交易模式。

第 6 章为用水权市场化配置中的价格机制研究。首先,本章分析了水资源税、供水水价与用水权有偿使用费之间的关系;其次,结合国内用水权改革实践,探讨了深化供水水价分类改革过程中所采取的具体举措;最后,研究提出了深化水资源税改革的重点举措。

第 7 章为基于过程管控的用水权交易监测监管体系构建。首先,本章分析了我国取水监测计量及用水权交易监管现状特点;其次,研究提出了加快取用水监测计量体系建设的具体举措;最后,围绕用水权交易全过程,从监管主体及其职责划分、监管对象及监管重点、监管方式等方面,阐述了健全用水权交易监管体系的具体举措。

第 8 章为宁夏用水权市场良性运行机制研究。本章系统总结了宁夏新一轮用水权改革存在的主要问题;针对存在的主要问题,提出了进一步深化用水权改革的对策建议。

1.2.2 研究方法

针对用水权改革的关键环节和重点内容,按照"界定水权归属→创新交易制度→构建监管体系→综合集成应用"的技术路线(详见图 1.1)开展研究;应用法学、经济学、水资源管理等交叉学科知识体系,融合集成创新,建立健全地方涉水法律供给体系,发展面向"四水四定"的初始水权分配和确权理论方法,破解用水权改革的体制机制约束,构建水资源刚性约束下用水权市场交易理论方法体系,开展用水权交易模式和体制机制创新。面向宁夏用水权市场建设理论和实践需求,研究提出论文专著等理论成果,集成政策制度创新、技术规范、发明专利等成果并开展创新应用,为完善用水权交易理论和方法体系提供科技支撑,为宁夏深化用水权改革提供决策支持。

(1)界定水权归属

依据法学、经济学、水资源管理等相关理论,采用理论分析、归纳总结、对比分析等方法,分析水资源所有权、取水权、用水权、可交易水权等权利的主体、客体、内容、属性特征等,界定水资源多重权属的概念、内涵,对比不同权属的区别和联系;基于可交易水权与取水权、用水权的法律关系,确定用水权交易的边界、限制范围及其法律依据。采用系统分析方法,按照"四水四定"原则,构建初始用水权分配模型,以宁夏为研究对象,提出配置单元的初始用水权分配方案;以农业、工业、规模化畜禽养殖户等为重点,分类确定确权单元;以区域用水总量控制指标和先进用水定额为约束,研究提出面向不同类型用水户的用水权确权方法体系,建立水资源刚性约束下用水权初始分配和精细确权理论方法体系。

(2) 创新交易制度

采用理论分析、对比分析、归因分析等方法,分析供水价格、水费、水资源税及水资源有偿使用费之间的差异,研究水资源价值内涵与构成,分析用水权交易基准价的影响因素及其影响机制,提出不同交易情形下用水权交易基准价计算方法;依据市场经济理论、产权交易理论等相关理论,考虑工程成本、风险补偿成本、生态补偿成本、经济补偿成本、资源价值等,构建用水权交易基准价测算模型,并进行宁夏用水权基准价测算。研究用水权商品属性、金融属性和融资功能,从开发金融产品、拓展用水权改革项目融资渠道等方面,优化用水权改革金融服务;从健全用水权融资风险缓释和补偿机制、完善用水权质押融资风险防控机制等方面,建立用水权融资配套服务机制,提出用水权绿色金融改革具体举措,构建面向市场交易的用水权价值实现理论和方法体系。细化用水权交易的边界、范围,明确用水权交易主体、对象,考虑市场的主导作用和政府调控作用,构建用水权交易制度体系;总结国内外典型水权交易案例的模式与经验,构建不同水源、不同用户、不同水量富裕指标形成机制下用水权交易模式体系。

(3) 构建监管体系

突出问题导向,采用归纳梳理等方法,围绕用水权初始分配与确权、交易主体资格确认、交易水量核准、交易流程制定、交易收益分配、交易资金管理等关键环节,以及水资源监测体系、水行政执法等监测监管的关键支撑能力,逐一梳理可能导致交易不畅的堵点和难点,研究提出兼具科学性和可操作性的用水权交易监测监管和风险防控对策建议。

(4) 综合集成应用

以宁夏为对象,系统总结新一轮用水权改革经验,围绕优化分配初始用水权、精细确定用水权、合理确定水价、构建市场化交易机制、健全监测监管体系、完善法律法规等全要素和全过程,分析存在的问题,提出新形势下宁夏深化用水权改革的对策建议。

第1章 绪论

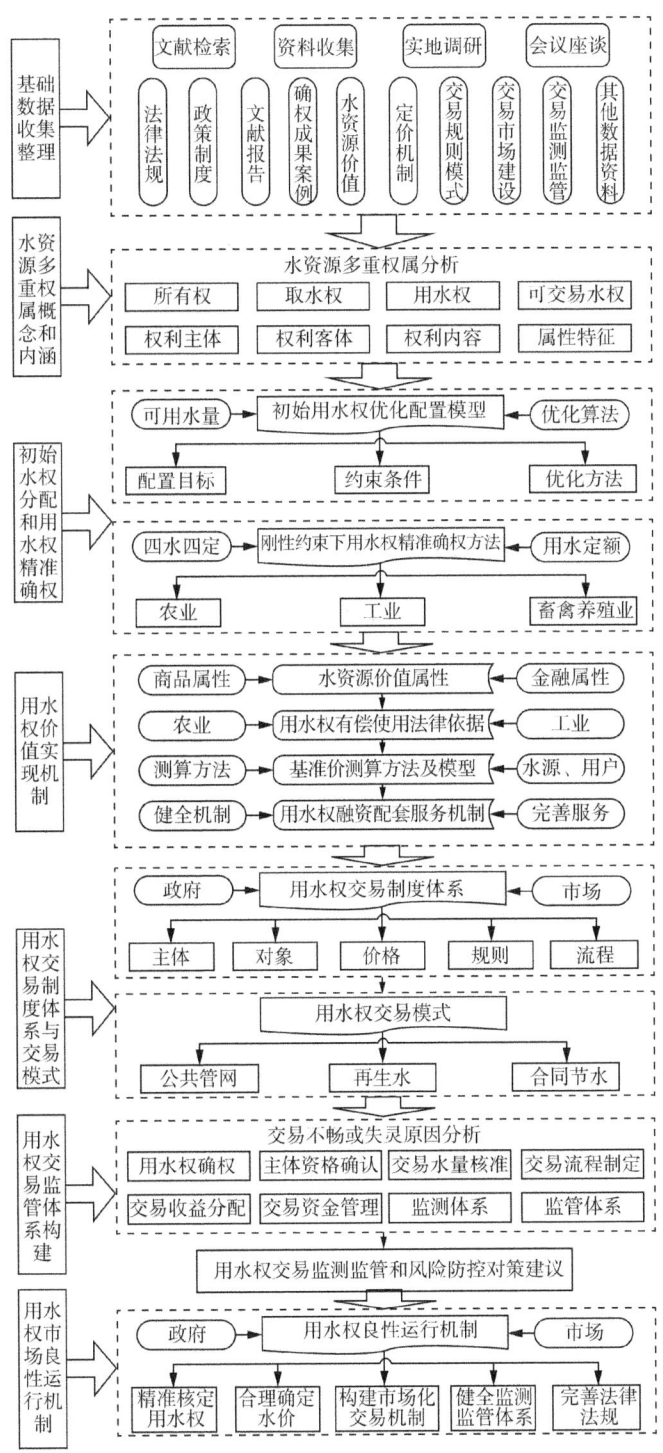

图 1.1 技术路线图

第 2 章 水资源多重权属及可交易水权边界分析

水权交易制度是市场经济条件下高效配置水资源的途径之一,也是建立政府与市场两手发力的现代水治理体系的重要内容。实施水权交易制度改革,首先需要清晰界定水权的相关概念内涵,厘清水资源所有权、取水权、用水权之间的关系。本章通过解析水资源多重权属,以我国《宪法》《民法典》《水法》等相关法律为依据,研究水资源所有权、取水权、用水权、可交易水权等多重权属内涵,对比分析不同权属概念、内涵的区别和联系,厘清可交易水权权利边界与可交易水量范围,为构建用水权交易理论体系提供支撑。

2.1 水权相关概念

2.1.1 水资源所有权

水资源所有权是水资源配置利用的基础,也是取水权、用水权、可交易水权等派生权利的母权,清晰界定水资源所有权归属是研究水权的逻辑前提(龚春霞,2018)。

2.1.1.1 我国水资源所有权归属

我国《宪法》第九条规定:矿藏、水流、森林、山岭、草原、荒地、滩涂等自然资源,都属于国家所有,即全民所有。就法律位阶而言,《宪法》是我国根本法,拥有最高法律效力。为实现《宪法》规定的水资源国家所有,需要下位法律进一步细化有关制度。2016 年修订实施的《水法》第三条规定:水资源属于国家所有。水资源的所有权由国务院代表国家行使。农村集体经济组织的水塘和由农村集体经济组织修建管理的水库中的水,归各该农村集体经济组织使用。2021 年施行的《民法典》第二百四十七条规定：矿藏、水流、海域属于国家所有。其中第三百二十九条规定：依法取得的探矿权、采矿权、取水权和使用水域、滩涂从事养殖、捕捞的权利受法律保护。因此，在我国水资源属于国家所有，即全民所有。

2.1.1.2 水资源所有权的权利属性

当前，大多数国家已将水资源所有权从土地所有权中分离，并规定水资源属国家或全体公民所有。根据我国《宪法》《民法典》《水法》等相关规定，水资源所有权具有公权和私权双重属性。

(1) 水资源所有权的公权属性

公权是一种国家权力和公共权力，由国家依法赋予，是以管理社会公共事务和谋取公共利益为目的一种国家强制权力。我国《宪法》规定的国家所有权既象征国家主权，也体现国家基本经济制度：在处理涉及水资源的外交关系时，《宪法》规定的水资源国家所有权体现国家的主权属性，国家可以据此开展水外交，要求我国水资源免受国家、国际组织或者域外个人的破坏、侵占、污染等；在对内管辖上，《宪法》等规定的水资源归国家所有更多体现基本经济制度的特性，即实行水资源国家所有制（刘定湘等，2019）。

公权由政府管理。国家在行使水资源所有权时，政府的主要工作内容为：在水资源管理领域决策、组织、协调、控制和监督方面，从维护经济社会的公平、安全和稳定的角度，通过基础规则、法律和税收等手段设计有效且适应中国国情的管理体制和制度框架体系，维护水权市场秩序。在这一过程中，国家履行管理的是水资源公益性资产，目标是在实现涉水公共服务均等化的同时，尽可能地提高用水效率。此时，水资源行政管理权是实现水资源国家所有权的重要手段。

(2) 水资源所有权的私权属性

私权是一种公民权利，与公权观念相对应，是指有关社会主体在社会生活中所享有的各方面权利（李兴宇等，2021）。水资源作为独立的所有权客体，其多样化的生态服务功能决定了其具有公共物品的属性，从而与不具有公共物品属性的私人所有物有所不同，而是具有类似于公共用物的属性（单平基，2014）。根据《民法典》，物权是权利人依法对特定的物享有直接支配和排他的权利，包括所有权、用益物权和担保物权。其中，所有权指所有权人对自己的不动产或者动产，依法享有占有、使用、收益和处分的权利，同时规定所有权人有权在自己的不动产或者动产上设立用益物权和担保物权，用益物权人、担保物权人行使权利，不得损害所有权人的权益；用益物权指用益物权人对他人所有的不动产或者动产，依法享有占有、使用和收益的权利。

根据《民法典》关于物权的界定,所有权实际上是所有权人对自己财产所享有的权利,因其与他人之物无关,故称为自物权;用益物权与担保物权是在他人所有物上设定的物权,是对他人财产享有的权利,其内容是在占有、使用、收益或处分某一方面对他人之物的支配,称为他物权。他物权实际上是限制了的所有权,所以又称为限制物权(倪红珍等,2018)。

2.1.1.3 水资源所有权主体的属性

我国《宪法》明确水资源属国家所有和全民所有。水资源作为一种特殊的物,可依据《民法典》中关于物权的相关规定,剖析水资源所有权的主体属性,据此厘清水资源国家所有和全民所有的内涵。

《宪法》《民法典》《水法》将水资源所有权主体资格赋予国家,但国家作为一个抽象或虚拟主体,并不能直接行使所有权的权利(力),需要权力机关代为行使。在我国,全国人民代表大会是名义上的水资源国家所有权代表者,国务院代表国家行使水资源国家所有权,地方政府水行政主管部门通过国务院的授权获得水资源的实质管理权(林彦,2015)。水资源所有权具有"公""私"双重属性,国家既要扮演所有权行使者角色,即作为民事主体对水资源享有占有、使用、收益与处分的权能,也要通过其权力机关履行管理者的职责,因此,必须区分水资源的国家所有者和管理者角色,厘清水资源行政管理权与国家所有权的边界(刘定湘等,2019)。

(1)国家所有权边界

国家所有权边界主要针对国家作为民事主体对水资源享有的占有、使用、收益与处分的权能。在私法领域,国家作为水资源所有权主体与其他民事主体发生法律关系,主要通过《民法典》等法律调整。

《民法典》第二百四十二条规定:法律规定专属于国家所有的不动产和动产,任何组织或者个人不能取得所有权。这既是对《宪法》第九条规定的水资源国家所有权的民法保护,也为国有财产依法参与民事活动,提供了基础性的法律依据。据此,我国水资源国家所有权不能转让。但是国家作为一个虚拟的民事主体,并不能直接占有、使用水资源,也无法实现其收益、处分等权能;因此,水资源价值的实现也应以所有权与使用权的分离为前提。

所有权与使用权分离后,国家通过修订《水法》、《取水许可和水资源费征收管理条例》(2017年修订)等,明确用水权的权利属性和内容,将涉水行政管理关系转化为行政法律关系,水行政主管部门与取用水户享有相应的权利并承担相应义务,水行政主管部门没有正当理由不能干涉用水权人的依法取用水资源的权利,但水行政主管部门可以依法监督取用水户取用水和排水活动。

(2) 行政管理权边界

水资源行政管理权注重水行政主管部门对取用水户的管理,二者的关系是行政管理关系。在内容上,水资源行政管理权包括与水资源有关的法律法规制定、水资源规划及配置、水行政许可、水资源确权登记、饮用水水源保护区划定及监督、行政管理相对人涉水义务的赋予与免除等权力(刘定湘等,2019)。

近年来,我国积极推进自然资源资产管理体制改革。党的十九大提出设立独立的国有自然资源资产管理和自然生态监管机构,统一行使全民所有自然资源资产所有者职责。按照上述要求,2018年通过的《国务院机构改革方案》决定成立自然资源部,代表国家统一履行自然资源所有人职责。

水资源行政管理职责主要涉及自然资源、水利等部门,其中自然资源部履行全民所有土地、水资源等自然资源资产所有者职责,承担自然资源统一确权登记、自然资源资产有偿使用等职责;地方自然资源部门根据国家规定或者自然资源部的委托履行相应的职责。水利部代表国家履行水资源统一监督管理职责,主要负责保障水资源的合理开发利用,负责"三生"用水的统筹和保障,指导水资源保护工作,负责节约用水工作等。各流域管理机构、地方水行政主管部门在所管辖的范围内依法行使水行政管理职责。

2.1.1.4 水资源所有权客体的属性

(1) 水资源可以作为独立所有权客体

传统法学理论认为,所有权客体原则上须为特定物、独立物和有体物,否则不能作为物权的标的(单平基,2014)。水资源虽然具有可循环性、流动性等特征,不同于传统意义上的物,但在一定经济技术条件下,属于可以控制、利用的天然资源,符合所有权客体范围逐渐扩大的趋势和所有权客体特定性的动态发展认识,因此可以作为独立所有权客体。

(2) 水资源作为所有权客体的属性

水是生命之源、生产之要、生态之基,水资源是基础性的自然资源、战略性的经济资源、生态环境的控制性要素和历史文化的重要载体,具备生态、经济和文化资源和要素的综合价值,这决定了水资源不能成为任何个人的私有财产,而是应属于全社会享有的公共物品。因此,水资源具有公共物品的属性,这与私人所有物不同,公共物品在使用和消费上不具有完全的排他性。

水资源的公共物品属性及国家代表利益的全民性决定了在宪法上只能采取水资源国家所有权形式,即任何国家机关、企事业单位、组织以及个人均不能成为水资源的所有权人,水资源只能归于代表全体人民意志的国家所有。我国《民法典》将《宪法》中的水资源国家所有权转化为了私法上的水资源所有权,同时也使水资源成为私法上所有权的客体,从而为取水权、用水权、可交易水权等提供母权基础。

2.1.1.5 水资源所有权的权利内容

私法层面,水资源所有权是国家作为虚拟的民事主体依法对水资源享有的占有、使用、收益、处分的权利。

(1)占有

占有权指所有权人依法对自己所有之物进行事实上的管理和支配。占有权是其他权利的基础和前提。水资源国家所有权的实际占有者是民事主体,根据我国现行《水法》《取水许可和水资源费征收管理条例》,民事主体占有水资源主要通过两种途径,即通过法定途径和取水许可审批途径。然而,由于水资源具有外部性特征,实际占有人不能追求对水资源完全、绝对控制。

(2)使用

使用权主要指权利人依法使用水资源的权利。使用权可由所有权人行使,也可由非所有权人行使。我国水资源实行总量控制和定额管理相结合的制度,在区域尺度上,国家通过用水权初始分配,将用水总量控制指标分配到县级以上行政区;在用户尺度上,通过发放取水许可证、用水权证等,明确具体用水权人对水资源利用的权利。

(3)收益

收益是指收取原物所产生的天然孳息及法定孳息。其中天然孳息属于事实收益,如以水资源为生产要素制成的各类产品;法定孳息属于法律收益,如国家依法收取水资源费,或用水权市场出让方出让用水权获得的用水权有偿使用费等。

(4)处分

处分包括事实上的处分和法律上的处分两种方式。其中事实上的处分是指变更所有物的物质形态;法律上的处分是指变更"物"的相关权利。由于水资源的特殊性,在水资源利用过程中,通常伴随着水量消耗、水质污染,因此水资源"用""耗""排"等环节中,即伴随着水资源事实处分;法律层面,我国《宪法》规定除国家外,其他民事主体不能取得水资源所有权主体地位,因此,水资源所有权不能转让或交易,但基于水资源所有权派生的取水权、用水权可以依法转让或交易,这种转让或交易即属于法律上的处分。

2.1.2 取水权

《水法》第四十八条规定：直接从江河、湖泊或者地下取用水资源的单位和个人，应当按照国家取水许可制度和水资源有偿使用制度的规定，向水行政主管部门或者流域管理机构申请领取取水许可证，并缴纳水资源费，取得取水权。但是，家庭生活和零星散养、圈养畜禽饮用等少量取水的除外。《民法典》明确规定，依法取得的探矿权、采矿权、取水权和使用水域、滩涂从事养殖、捕捞的权利受法律保护，从而在法律上界定了取水权的用益物权性质。按照物权的私权保护原理，取水权作为一种特殊的财产权利，受《民法典》等相关法律的保护。

2.1.2.1 概念内涵

（1）取水的定义

根据《取水许可和水资源费征收管理条例》，取水是指利用取水工程或者设施直接从江河、湖泊或者地下取用水资源。其中，取水工程或者设施是指闸、坝、渠道、人工河道、虹吸管、水泵、水井及水电站等。

（2）对取水权概念内涵的理解及评述

关于取水权的概念和内涵，学者已经开展了大量研究，但尚未统一。方丁（2012）认为，取水权是指公民、法人或其他组织依照法律规定或认可，取用地表水、地下水的权利，其中地表水是存在于地壳表面、暴露于大气的水，为河流、冰川、湖泊、沼泽4种水体的总称，并将取水权客体界定为"地表水和地下水"。肖攀（2020）认为，取水权是自然人、法人或者其他组织利用取水工程或者设施直接从江河、湖泊或者地下取用水资源的权利。前者明确了"公民、法人或其他组织"的取水权主体、"依照法律规定或认可"的权利获取方式以及"地表水、地下水"的取水权客体，但是与《取水许可和水资源费征收管理条例》相比较，未采用"直接"这一取水方式的限定，从而涵盖了不需申领取水许可证的用户；相比之下，后者的观点明确了取水权主体和客体，并将取水方式限制在了"直接从江河、湖泊或者地下水取用水资源"，不能涵盖间接从江河、湖泊或者地下取用水资源的情形，如在公共供水管网内取水，但未阐明取水权的获取方式或途径。

（3）本书对取水权的界定

本书在对比分析取水权已有概念内涵基础上，基于《水法》《民法典》《取水许可和水资源费征收管理条例》等现行法律法规，提出取水权的概念：取水权是指自然人、法人或者其他组织按照法定方式或者行政许可方式，利用取水工程或者设施直接从江河、湖泊或者地下取用水资源的权利。

与已有相关定义比较,本定义有如下特点:①明确了取水权主体,即自然人、法人或者其他组织;②明确了权利获取方式,区分了《水法》和《取水许可和水资源费征收管理条例》规定不需申领取水许可的情形与通过行政许可方式取得取水权的情形;③明确了取水权客体,即江河、湖泊水和地下水。因此,本定义较好地衔接了现有法律、法规中关于取水权概念的界定。

取水权将民事主体从水资源的国家所有权中剥离出来,赋予了自然人、法人或其他组织等非水资源所有权人利用取水工程或者设施取用水的权利。取水权的客体是存在于江河、湖泊或地下水等中的水资源,表明该客体和水产品有明显区别。根据本书对取水权的定义,只有具有一定使用价值且客观上能够在现有的经济技术条件下被开发利用的水,才属于法律调整的对象(李兴拼等,2018)。

2.1.2.2 取水权的权利属性

根据物权法定的原则,《民法典》《水法》等法律规定的取水权的获取方式有两种,即法定取水权和许可取水权。其中,法定取水权不需要行政许可,直接依据法律法规的规定取得,主要包括三个方面:一是集体经济组织及其成员使用本集体经济组织的水塘、水库中的水;二是家庭生活和零星散养、圈养畜禽饮用等少量取水;三是法定情形的临时应急取水。

大多数情况下,取水权获取需要经过取水许可审批,取得取水许可证,属于以行政许可以及自由裁量为主的公法配置方式设立的物权,理论上称为"准物权"。《民法典》界定了用益物权,但其对象主要是《民法典》规定的特定物;水资源作为一种特殊的"公共物品",具有流动性、循环性、消耗性和外部性等特征,这决定了取水权不同于一般用益物权,具体体现在权利客体的特殊性、取得方式和权利内容等方面。

(1)取水权客体的特殊性

取水权的客体是水资源,由于水资源具有流动性、消耗性、循环性等特点,与《民法典》规定的具有固定形态的特定物不同,这给取水权客体的特定化带来了一定难度。实际上,取水权涉及的空间要素是取水地点,即取水权必须通过具体空间位置的取水工程或者设施来行使和实现,取水地点有明确的空间范围,其特定性决定了取水权客体的特定性,再考虑取水方式、取水量、水源类型等要素,可以分析不同主体间的取水权进行明确区分,使之成为符合《民法典》观念的特定物。

(2)取水权主要以行政许可方式设立

我国取水权主要由行政许可方式设立,即用公权配置私权模式。《中华人民共和国行政许可法》(以下简称《行政许可法》)第十二条第二项规定:有限自然资源开发利用、公共资源配置以及直接关系公共利益的特定行业的市场准入等,需要赋予特定权利的事项,可以设定行政许可。《水法》第四十八条规定,直接从江河、湖泊或者地下取用水资源的单位和个人,应当按照国家取水许可制度和水资源有偿使用制度的规定,向水行政主管部门或者流域管理机构申请领取取水许可证,并缴纳水资源费,取得取水权。《取水许可和水资源费征收管理条例》以及《取水许可管理办法》规定了取水许可的申请、受理、审查、决定、发证等程序。

需要指出,取水许可是取水权设定的主要方式,但不是唯一方式。另外,取水许可证是行政许可证,不是水资源使用权凭证。国家以水资源所有者的身份,向申请人授予取水许可,是以行政权力准许申请人从事水资源开发利用活动。申请人获得取水许可证后,才获得取水权,并不意味着取水许可证具有确认物权的物权证书效力。

(3) 取水权不具有完全占有和排他性

一般用益物权是以实际占有物为前提,通过对物进行排他性使用,以实现物权的价值。而取水权的客体与水资源所有权的客体融为一体,水行政主管部门代表国家行使水资源所有权人的占有权利,取水权人对水资源的占有权利在一定程度上受到国家和水行政主管部门的限制。《民法典》第二百九十条规定:不动产权利人应当为相邻权利人用水、排水提供必要的便利;对自然流水的利用,应当在不动产的相邻权利人之间合理分配;对自然流水的排放,应当尊重自然流向。这一规定体现出不动产相邻权利人具有取水权的平等地位,需要合理分配自然流水,并未考虑权利成立时间或用水目的等方面的差异。《水法》第二十八条规定:任何单位和个人引水、截(蓄)水、排水,不得损害公共利益和他人的合法权益。可见,法律并未给予取水权人排他权,而是规定了优先级的协调规则,如《水法》第二十一条规定:开发、利用水资源,应当首先满足城乡居民生活用水,并兼顾农业、工业、生态环境用水以及航运等需要;在干旱和半干旱地区开发、利用水资源,应当充分考虑生态环境用水需要。同时,《取水许可和水资源费征收管理条例》也对取水权优先级进行了相应规定,如第四十一条规定了审批机关可以对取水单位或者个人的年度取水量予以限制的四种情形,并规定发生重大旱情时,审批机关可以对取水单位或者个人的取水量予以紧急限制。

2.1.2.3 取水权的权利内容

取水权其完整的法律含义包含"取水"和"用水"两个方面。其中,取水是将水资源从原水体中分离出来,或改变原有水体流向等行为。除公共供水企业外,一般用水户取水是为了用水,"取"是手段,"用"是目的,取水和用水是同一行为的两个方面。当前大多数学者认为,取水的核心权益是用水。因此,本书认为取水权的权利内容应该包括以下三部分:①依据法律法规、按照取水许可证载明的许可水量取水并不受所有权人(国家)干涉的权利;②取水权人依法对水资源享有占有(非完全占有)、使用、收益、处分(有限处分)权利;③因取水权人权利范围内的水资源被征收、征用致使取水权消灭或影响其取水权行使的,取水权人有依法获得相应补偿的权利。除此之外,取水权人还必须承担相应的义务,如按照取水许可证载明的取水许可量和用途取水、缴纳水资源费等。

2.1.3 用水权

2005年,水利部制定了《水权制度建设框架》,提出水权制度体系由水资源所有权制度、水资源使用权制度、水权流转制度三部分内容构成。2014年,水利部印发《水利部关于深化水利改革的指导意见》,提出开展水资源使用权确权登记,形成归属清晰、权责明确、监管有效的水资源资产产权制度。2015年9月,中共中央、国务院印发了《生态文明体制改革总体方案》,要求开展水流产权确权试点,探索建立水权制度,分清水资源所有权、使用权及使用量,明确要求建立健全用水权初始分配制度,推进用水权市场化交易;同年10月召开的党的十八届五中全会提出用水权的概念,这是用水权首次在中央文件中正式出现。2016年,水利部制定出台了《水权交易管理暂行办法》,其中第二条规定:水权包括水资源的所有权和使用权。2020年10月,党的十九届五中全会提出推进用水权市场化交易,标志着我国水权市场化交易在中央层面正式确立。2021年9月,中共中央办公厅、国务院办公厅印发《关于深化生态保护补偿制度改革的意见》,提出建立用水权初始分配制度,鼓励地区间依据取用水总量和权益,通过水权交易解决新增用水需求。2022年8月,水利部会同国家发改委、财政部印发了《关于推进用水权改革的指导意见》,明确提出到2035年全面建立归属清晰、权责明确、流转顺畅、监管有效的用水权制度体系的工作目标,确定了加快用水权初始分配和明晰、推进多种形式的用水权市场化交易、完善水权交易平台、强化监测计量和监管等四项重点任务,为今后一个时期我国用水权改革指明了方向。

2.1.3.1 概念内涵

(1) 对用水权概念内涵的理解及评述

我国现行法律法规中尚无用水权的明确定义,学术界已有相关定义主要通过分析水资源所有权、取水权、"取水"与"用水"之间的逻辑关系,界定水资源使用权的概念和内涵。如胡晓寒等(2010b)认为,水资源使用权是依附于水资源所有权而存在的,是权利人对特定水资源使用的收益权,是一种新型的用益物权。张莉莉等(2014)认为,水资源使用权是水资源所有权派生出来的权利,其意义在于将民事主体对水资源的开发和利用从水资源国家所有权中剥离出来,从而确认了民事主体对水资源使用和收益的权利;他们认为水资源使用权需要通过行政许可的方式获得,因而是一种带有公法色彩的私权。李兴拼等(2018)认为,用水权是基于用水总量控制指标体系的为了满足生活基本需求和社会经济生产需求等需要消耗水资源的一种权利。肖攀(2020)提出,水资源使用权是由水资源所有权派生出来的一项以水资源利用、收益为主要目的的权利,包括取水权、用水权等。总体而言,国内学者围绕两个方面基本形成了一致的意见。

①所有权和使用权分离

水资源所有权具有"公""私"双重属性,因此其权利行使要区分相应情形。我国《宪法》《民法典》明确了水资源所有权不允许转让或交易,在市场经济条件下,必须实现水资源国家所有权与使用权的分离,明确用水权,通过建立合理的用水权交易机制,充分发挥市场在水资源配置中的决定性作用,实现水资源国家所有权的经济价值、社会价值和生态价值。

②用水权由水资源所有权派生

《民法典》将物权定义为权利人依法对特定的物享有直接支配和排他的权利,包括所有权、用益物权和担保物权三大类。所有权的占有、使用、收益、处分等权能,可以基于一定的法律事实分离,由他人享有,从而形成他物权。用水权作为一种他物权,是所有权人自己设立的用益物权,属水资源所有权派生出的权利。传统观点认为,与所有权包含四项完整权能不同,用水权仅包含占有、使用、收益等部分权能,并不包含有限处分权能。如传统民法认为,处分权能只能由所有权人自己行使,非所有权人不得处分他人所有的财产。但水资源使用过程中伴随着水量、水质变化,这是一种事实上的处分,水权转让或交易属于通过法律行为进行的权利变更,属于法律上的处分。综上,本书认为用水权也包括四项权能,即非完全的占有、使用、收益、有限处分权能。

(2) 本书对用水权的界定

在相关法理基础上,结合水资源利用的内涵及水资源管理的有关要求,本书界定用水权的概念和内涵:用水权是指生活、生态、生产等"三生"用水户,为了满足生存和发展的需要,依法取水、用水、耗水的权利。

本定义根据当前我国水资源管理领域对用水户所属行业的分类,将用水主体界定为四大类用水户,其中农业、工业、生活三大类用水主体可以与自然人、法人或者其他组织形成一一对应关系,从而可以与私法领域的水资源使用权主体保持一致;对于生态用水主体而言,由于其用水对象通常为城市环境或河湖、湿地等生态系统,不属于传统意义上的自然人、法人或其他组织。针对这个问题,《民法典》第三百二十六条规定:用益物权人行使权利,应当遵守法律有关保护和合理开发利用资源、保护生态环境的规定。这实质上可看作《民法典》对立法和实践中生态环境保护这一实际需求采取的法律救济措施。

2.1.3.2 用水权的属性

根据《民法典》所有权人设立他物权的一般规定,用水权作为国家在水资源上设立的他物权,具有类似用益物权和担保物权的属性,本书称之为"准用益物权"和"准担保物权"。因此,用水权与水资源所有权分离后,也就具备了"准用益物权"和"准担保物权"等私权属性。

(1) 用水权的"准用益物权"属性

根据《民法典》关于国有和集体所有自然资源的用益物权的相关规定,"国家所有或者国家所有由集体使用以及法律规定属于集体所有的自然资源,组织、个人依法可以占有、使用和收益"。根据《水法》第三条,"水资源属于国家所有……农村集体经济组织的水塘和由农村集体经济组织修建管理的水库中的水,归各该农村集体经济组织使用"。因此,水资源作为自然资源,原则上适用于《民法典》关于自然资源的用益物权之规定,但由于水资源具有多样化的生态服务功能和多重价值,以及显著的外部性等不同于一般自然资源的特征,且水资源利用过程中伴随着水量消耗、水质改变等,因此,其具有不同于一般用益物权的属性,即"准用益物权"属性。

用水权具有"准用益物权"属性,因此,用水权人可根据自身需要决定是否对其依法、有偿取得的用水权份额内的水资源入市交易,从而获取经济利益或其他收益,这为用水权作为商品进入水市场进行收储交易奠定了基础。目前,我国用水权权利边界、权利内容尚缺少法律层面的明确规定,用水权交易的实现尚缺少国家层面的法律法规支撑,对用水权交易造成了一定阻碍。

(2) 用水权的"准担保物权"属性

根据产权经济学的相关理论,用水权属于特殊的财产权。《民法典》第三百九十五条明确了抵押财产的范围,同时在第七款中指出,法律、行政法规未禁止抵押的其他财产也可纳入抵押财产的范围,从而为用水权作为抵押物提供了法律依据。对于质权,《民法典》针对动产质权和权利质权分别进行了规定,如第四百二十六条规定了禁止质押的动产范围,即法律、行政法规禁止转让的动产不得出质,显然,用水权不属于禁止质押的范围;第四百四十条明确了权利质权的范围,包括债券,可以转让的基金份额、股权等,并在第七款中指出,法律、行政法规规定可出质的其他财产权利均属于权利质权的范围。可见,用水权作为一种财产权,可纳入权利质权的范围。结合《民法典》关于担保物权的一般规定,以及水资源的特殊属性和特征,用水权具有"准担保物权"的属性。

(3) 用水权的期限性

用水权的期限性主要来自现行取水许可制度的相关规定以及水资源管理的现实需要。现行《取水许可和水资源费征收管理条例》第二十五条规定:"取水许可证有效期限一般为5年,最长不超过10年"。取水许可证期限设置时综合考虑了水资源条件、社会经济发展状况、用水结构等情况变化规律。尽管取水许可证具有期限,但取水权可以延续,具有接续性,一定程度上具有长期性、稳定性,受《行政许可法》《水法》等法律保护(柳长顺等,2016)。

对于用水权而言,实践中通常有两类用户,即持有取水许可证的"既取又用"的终端用户或"不取只用"的公共供水管网终端用户。对于持有取水许可证的终端用户,取水许可证期限设定及其延续管理并没有增加水行政主管部门的自由裁量权,也不会弱化用水权的稳定性,除水资源系统本身发生变化和实行最严格水资源管理普遍要求造成的风险之外,也没有额外增加其他不确定性,而这些风险主要由用水权人或用水权交易受让方承担,在用水权交易中可以提前预知且受现行《水权交易管理暂行办法》等相关规章制度保护。对于公共供水管网终端用户,尽管其无需申请取水许可证,但基于依法审核用水权人应尽义务、规范用水权人用水行为,保障其合理用水权益,维护用水权的稳定性,促进水权交易的目的,用水权也应设定合理期限。

(4) 用水权的有偿取得性

有偿取得性是指用水权人应以有偿的方式取得用水权。根据自然资源开发利用的一般规律,通常会经历"无偿取得、无偿使用"、"无偿取得、有偿使用"和"有偿取得、有偿使用"三个发展阶段,当前我国水资源开发利用总体处于"无偿取得、有偿使用"阶段。实际上,随着经济社会快速发展,水资源供需矛盾日益尖锐,水资源的稀缺性也日益突出,用水权人取得用水权的同时,在一定程度上限制了其他用水户取得相应份额的用水权。如果"先占先用"的用水权人的用水权是无偿取得的,显然这不符合公平性原则,也不利于用水权入市交易。尽管2015年中共中央、国务院印发的《生态文明体制改革总体方案》明确要求全面建立覆盖各类全民所有自然资源资产的有偿出让制度,严禁无偿或低价出让,但当前我国用水权有偿取得的相关法律法规体系仍不健全,相关政策制度亟待完善。

2.1.3.3 用水权的权利内容

根据《民法典》,组织、个人依法可以占有、使用和收益国有和集体所有自然资源,结合本书对用水权概念和内涵的界定,用水权由水资源所有权派生,考虑水资源的特殊属性,其权利内容包括占有(非完全占有)、使用、收益、处分(有限处分)等权能。

(1) 非完全占有

用水权的占有权能是用水户依法取得用水权后,在实施取水行为后即直接控制其用水权份额内的水资源;根据现行《水法》《取水许可和水资源费征收管理条例》,除临时取水情形外,主要有三种情形:①直接取自江河湖泊或地下水;②取自供水企业或公共供水管网;③取自农村集体经济组织的水塘、水库。无论何种情形,用水户行使占有权能,均不能违反法律规定和公共利益,即不能追求完全、绝对控制。

(2) 使用

使用是用水权的核心权能,使用以占有为基础、以收益为目的,是实现水资源价值的手段。水资源具有经济、生态、文化等多重价值及公共物品的属性,因此,用水权能及其包含的取水、用水、耗水等行为不具有完全的排他性,需要满足《民法典》相邻关系,《水法》关于引水、截(蓄)水、排水不得损害公共利益和他人的合法权益等有关规定和要求。

(3) 收益

收益是使用的结果,也是使用的终极目标。收益权能是指通过占有、使用水资源而获取的自然孳息与法定孳息。《民法典》第三百二十一条规定:"天然孳息,由所有权人取得;既有所有权人又有用益物权人的,由用益物权人取得。当事人另有约定的,按照其约定"。从而为用水权人利用水资源生产产品并获得经济利益奠定了法律基础。其同时规定"法定孳息,当事人有约定的,按照约定取得;没有约定或者约定不明确的,按照交易习惯取得",从而为用水权收储交易、用水权有偿取得奠定了法律基础。

(4) 有限处分

针对事实上的处分,尽管在水资源利用过程中,通常伴随着水量消耗、水质污染等事实行为,但这种消耗和污染应该控制在合理的范围内。在水资源管理领域,通常采用耗水系数和污染物排放浓度等表征,并通过设立最严格水资源制度等相关制度进行考核,目的是防止用水户过度利用、污染水资源造成水资源的负外部性影响。针对法律上的处分,如用水权的收储、转让、交易、质押等,应符合相关要求,即用水权的权利变更应严格受到法律、法规、规章、制度等限制,不能随意变更。

2.1.4 可交易用水权

可交易水权概念产生于20世纪80年代以后,澳大利亚、智利等国家通过立法建立了可交易水权的法律制度。我国从1999年开始探索实施水权、水市场和水价改革;2004年,水利部发布《关于内蒙古宁夏黄河干流水权转换试点工作的指导意见》,旨在探索出一条解决干旱地区经济社会发展用水问题的新途径,进一步规范水权转换工作;2005年,水利部发布《水利部关于水权转让的若干意见》,其中第6条规定"水权转让以明晰水资源使用权为前提,所转让的水权必须依法取得",从而明确了水权转让是水资源使用权的转让。

2010年,《中共中央 国务院关于加快水利改革发展的决定》进一步明确提出建立水权制度;2012年,党的十八大报告明确提出要积极开展水权交易试点,《国务院关于实行最严格水资源管理制度的意见》要求建立健全水权制度,积极培育水市场,鼓励开展水权交易;2013年,《中共中央关于全面深化改革若干重大问题的决定》明确提出推行水权交易制度;2014年7月,水利部印发《关于开展水权试点工作的通知》,在七个试点省级行政区中明确内蒙古、广东、河南、甘肃开展水权交易试点;同年11月,国务院发布《关于创新重点领域投融资机制 鼓励社会投资的指导意见》,提出积极探索多种形式的水权交易流转方式,允许各地通过水权交易满足新增合理用水需求;2015年,中央一号文件《关于加大改革创新力度加快农业现代化建设的若干意见》明确提出探索多种形式的水权流转方式,同年印发的《生态文明体制改革总体方案》提出探索建立水权交易制度,开展水权交易平台建设。

2016年,水利部印发了《水权交易管理暂行办法》和《关于加强水资源用途管制的指导意见》,明确了水权交易的类型、程序和用途管制要求等,同年在北京成立了中国水权交易所;2021年,《中华人民共和国国民经济和社会发展第十四个五年规划和2035年远景目标纲要》明确提出发展用水权交易;同年,中央办公厅、国务院办公厅印发《关于建立健全生态产品价值实现机制的意见》,提出在长江、黄河等重点流域创新完善水权交易机制;2022年,《中共中央 国务院关于加快建设全国统一大市场的意见》要求建设全国统一用水权交易市场;同年,水利部会同国家发改委、财政部联合发布的《关于推进用水权改革的指导意见》提出加快建设全国统一的用水权交易市场。

总体而言,2010年以来,我国水权交易市场进入快速发展阶段,特别是在水权转换、交易实践方面,取得了诸多成果,但是水权交易的相关理论研究却相对滞后(倪红珍等,2018;陈金木等,2015)。本节结合用水权交易实践需求,研究界定可交易用水权的概念内涵,研究新形势下可交易用水权的边界和范围,分析可交易用水权的内容及属性特征。

2.1.4.1 概念内涵

(1) 对可交易水权概念内涵的理解及评述

我国可交易水权概念内涵的研究始于21世纪初,如陈金木等(2015)认为可交易水权是指权利人可据以开展交易并获益的水权,属于水权收益权能的重要体现,并指出可交易水权主要应包括区域可交易的水量、取用水户可交易的取水权、使用公共供水的用水户可交易的用水权、政府可有偿出让的水资源使用权、农村集体水权等;倪红珍等(2018)探讨了可交易水权的边界与模式,指出在取水许可的水量(初始水权)和时间范围内,节约或闲置的水资源可以进行交易,并将可交易的水权归纳为三种类型,即通过技术和管理节约的水量、因土地利用发生变化用途转换的水量、因输配水设施不配套或弃耕出现暂时闲置的水量。

总体而言,当前可交易水权的概念内涵尚未达成一致,已有研究多针对可交易水权范围和限制条件进行分析。从可交易水权的范围和限制条件来看,《水利部关于水权转让的若干意见》明确规定取用水总量超过本流域或区域水资源可利用量的,在地下水限采区的地下水取水户,为生态环境分配的水权,对公共利益、生态环境或第三者利益可能造成重大影响的,国家限制发展的产业用水户等不得进行水权转让;目前已有相关定义多在此基础上结合流域(区域)特点或新的形势和要求,对限制条件进行了补充完善,进一步丰富了可交易水权的内涵,为界定可交易水权的概念和内涵提供了重要支撑。尽管如此,已有研究没有深入剖析可交易水权与水资源所有权、取水权、用水权之间的联系和区别,不利于水权交易制度体系建设,也难以为水权交易实践提供指导。

(2) 本书对可交易用水权的界定

本书探索基于已有涉水法律法规,在相关法理和准则基础上,结合水权交易市场建设的有关要求和已有研究成果,界定可交易水权的概念和内涵:可交易用水权是用水权人依法获得的对其用水权份额内的一定量水资源进行交易的权利。用于交易的水资源量通常指在满足相关产业政策、水资源管理和生态环境保护要求前提下,通过采取各种节水措施(包括工程、技术、管理等措施)节约的水量,或因政策制度调整、土地闲置等原因闲置的水量,或政府有偿或无偿收储的水量。

相较于已有研究,本书提出的可交易用水权概念的新意包括以下几点:①明确了可交易用水权主体,即取水权人、用水权人或水行政主管部门。其中,对于"既取又用"的终端用水户,取水权人同时也是用水权人;对于"只取不用"的供水企业、水库管理单位等,取水权原则上不得交易;对于"只用不取"的灌溉用水户和公共供水管网终端用水户,用水权可以在不同用水户之间交易。此外,水行政主管部门投资建设的节水工程或采取节水措施节约的水量,或其依法收储的水量可通过水权市场交易给符合条件的用水户。②明确了权利获取的限制条件。即要满足相关产业政策、水资源管理和生态环境保护要求,其中满足相关产业政策指交易对象应属于国家鼓励或允许类产业,不得与国家限制或禁止发展的产业用水户交易;满足水资源管理要求是指交易对象应满足节水型社会建设、最严格水资源管理制度、地下水管理和保护、生态流量保障等相关要求;生态环境保护要求指交易对象应符合国家减碳减污的政策要求,不得与可能对生态环境造成重大影响的用水户交易。③明确了交易水量约束。即交易水量应严格限制在通过采取各种节水措施节约的水量,或因政策制度调整等原因闲置的水量,这是创新交易模式、激活用水权市场交易的重要创新之举。

根据上述定义,可交易用水权在取水权、用水权基础上设定,进一步细化用水权交易民事主体构成、入市交易限制条件和交易水量构成,并且为交易设定了法律边界和行政管理边界,为取水权人、用水权人、水行政主管部门等不同主体通过交易实现收益权能提供了理论支撑,也为国家和地方层面相关法律制修订提供依据。

2.1.4.2 可交易用水权的属性

(1) 权利边界有限性

可交易用水权来源于取水权或用水权,但并非权利主体依法取得的取水权或用水权可全部用于交易,而是受到相关限制:①受到相关产业政策、水资源管理和生态环境保护要求等方面的限制;②权利主体取得用水权的方式应逐步由无偿取得转变为有偿取得。水行政主管部门作为国家水资源所有权的代为行使人,其收储的水权可能存在无偿收储、有偿收储等模式,无论何种模式,均需满足一定的条件,如通过政府投资实施的节水改造工程节约的水量、因土地征用形成的空置用水权等;其收储的水权用于交易时,也应与取水权人或用水权人受到同样的限制。

（2）其他属性

由于可交易用水权来源于取水权或用水权，因此它同时具备二者的特性，如"准用益物权"和"准担保物权"属性、权利的期限性等，可见本书前述相关小节，此处不再赘述。

2.1.4.3　可交易用水权的权利内容

可交易用水权源于取水权和用水权，一方面，其权利内容也继承了取水权和用水权的非完全占有、使用、收益、有限处分权利；另一方面，并非所有取水权和用水权均可入市交易，而是应受到一系列新的限制。

收益是取水权人或用水权人交易的驱动力，依法取得收益是取水权人和用水权人追求的终极目标。在满足各项交易要求的前提下，取水权人或用水权人有权依法取得通过交易获得的经济利益等收益。交易是实现取水权人和用水权人收益权能的重要途径之一，是可交易用水权最核心的内容，也是实现水资源从低效、闲置向高效、增值流动的重要手段。根据本书对取水权和用水权概念内涵的相关界定，用水权人依法取得用水权后，有权在满足法律法规等限制条件的前提下，依法处置通过初始水权分配获得的用水权，在其权利行使期内，如果用水权人通过采取各种措施或因政策调整使得实际用水量小于分配的用水权份额，则有权处置这部分节约或节余的水量。

收储可视作交易的一种特殊形式。水行政主管部门对其依法有偿或无偿收储的用水权，或通过采取各种工程、技术、管理措施节约的水指标，以及在不损害取水权人和用水权人利益的前提下通过调整政策而闲置的水指标，也依法享有收益权。通过收储，可以充分发挥政府和水行政主管部门对水权交易市场的宏观调控作用，其有权根据实际需要决定是否及何时将这部分水指标入市交易。

2.1.4.4　用水权交易的权利边界

厘清用水权收储交易的权利边界，分析可交易水量的确定方法，可为用水权收储交易提供重要支撑。可交易用水权权能包括主要包括非完全占有、使用、收益、有限处分（在用水权有限处分权能基础上，受到更多限制）等内容，这四项权利共同构成了可交易用水权的权利边界。

（1）非完全占有权

可交易用水权的占有权是指受让方通过交易依法取得取水许可或用水权证后，就拥有了对相应份额水资源的控制权，但是这种控制受到一定条件约束,属于非完全占有。可交易用水权作为用水权的衍生权利,继承了用水权的准用益物权属性,适用《民法典》针对物权设立的相邻关系规则,同样适用《水法》关于引水、截(蓄)水、排水等行为,不得损害公共利益和他人的合法权益的规则。

根据《民法典》和《水法》的上述规定,考虑水资源的外部性特征和生态价值,受让方通过用水权交易取得用水权后,在行使其用水权份额内水资源的占有权能时,不得损害公共利益和他人的合法权益。

(2) 使用权

使用权是核心。受让方依法取得用水权后,有依法使用的权利。根据现行《取水许可和水资源费征收管理条例》,取水许可证需载明取水量和取水用途。在用水权交易实践中,可能出现取水用途变更,如农业用水向工业用水领域转让。针对此种情形,《取水许可和水资源费征收管理条例》第二十六条规定:"取水单位或者个人要求变更取水许可证载明的事项的,应当依照本条例的规定向原审批机关申请,经原审批机关批准,办理有关变更手续"。从而为实现跨行业用水权交易提供了法律依据。

(3) 收益权

收益是用水权人追求的目标,也是受让方取得用水权的内在驱动力。现行《取水许可和水资源费征收管理条例》第二十七条规定:"依法获得取水权的单位或者个人,通过调整产品和产业结构、改革工艺、节水等措施节约水资源的,在取水许可的有效期和取水限额内,经原审批机关批准,可以依法有偿转让其节约的水资源,并到原审批机关办理取水权变更手续"。通过实行用水权有偿取得制度,可交易水权的收益权能在现行《取水许可和水资源费征收管理条例》基础上得到拓展,用水权人除可通过直接使用水资源获得价值增值外,针对用水权指标内节余或节约的水资源,其可自主选择入市交易,并获得相应的收益或补偿。

(4) 有限处分权

根据权利继承关系,在满足国家和地区产业政策、用水效率准入要求、用水总量控制指标、地下水管控指标等方面的相关约束后,用水权可入市交易。受让方取得用水权后,可以根据实际需求使用水资源进行生产并获得收益,也可将用水权进行转让或作为质押物进行质押,前者属于事实上的处分,转让或质押则属于法律上的处分,这为用水权的入市交易、作为合格质押物奠定了法律基础。

2.2 水资源多重权属的区别和联系

2.2.1 主体

我国水资源所有权属国家和全民所有，具有公权和私权双重属性，其中公权主要由国务院代表国家行使，国家作为虚拟的民事主体与其他民事主体的法律关系主要通过《民法典》《水法》等法律调整。取水权是由水资源所有权派生的权利，其主体包括自然人、法人或其他组织等民事主体，具有私权属性，主要通过《民法典》《水法》《取水许可和水资源费征收管理条例》等法律法规进行规制。在《水法》《取水许可和水资源费征收管理条例》中，取水权的主体表述为"单位和个人"。用水权也是由水资源所有权派生，具有私权属性，在《关于推进用水权改革的指导意见》中，用水权的主体包括农业、工业、生活、生态等各类用水户。

按照本书对于取水权和用水权的定义，取水权主体与用水权主体既有联系又有区别：按照现行的取水许可管理理念和管理制度，其区别主要来自于"取"和"用"的区别。取水权人可能是公共供水企业、渠道或水库等取水蓄水工程管理单位，这类权利主体的共同特点是对水资源"只取不用"；用水权人可能是公共供水管网内用水户、农业灌溉用水户等"只用不取"的用水主体；只有当权利人属于"既取又用"的主体（如自备水源用水户）时，取水权主体才与用水权主体完全一致。

此外，取水权主体、用水权主体还具有多层次特征，底层的主体分别为取水户和用水户；多个取水户或用水户自下而上集聚分别形成用水行业、县级、地级、省级、流域等不同层级取水主体和用水主体。

2.2.2 客体

在现行水资源管理体制下，水资源所有权、取水权、用水权的客体均为水资源。根据我国现行《水法》，水资源包括地表水和地下水。因此，传统观点认为水资源所有权、取水权、用水权、可交易用水权的权利客体均指地表水和地下水等常规水资源。然而，面临水资源短缺等新的水问题，在"节水优先"的前提下，多渠道开源成为缓解水资源供需矛盾、保障水安全的重要举措。在国家实施污水资源化战略背景下，再生水等非常规水源作为标的进入水市场进行交易的需求日益强烈，特别是在缺水地区。在此背景下，部分省级行政区，如宁夏用水权改革实践中，用水权客体已拓展到再生水等非常规水源领域。

2.2.3 权利内容

根据《民法典》关于所有权的规定,水资源作为一类特殊的自然资源,其所有权包含占有、使用、收益、处分等权能;取水权、用水权从所有权分离后,二者具有"准用益物权"等属性,权能包括非完全占有、使用、收益、有限处分等。与所有权相比,取水权和用水权占有权能的行使通常受到一定限制,不仅受到国家和水行政主管部门关于水资源节约、管理、保护等常规管理制度和要求的约束,在应急情况下,还受到防洪、应急抗旱等应急管理的限制。

对于可交易用水权而言,其来源于取水权和用水权,既继承了二者的部分权能,包含占有(非完全占有)、使用、收益等权能,又受到新的限制,即并非所有的取水权、用水权对应的水资源量均可纳入可交易用水权,而是要满足一系列限制条件。这些限制条件通常是国家所有权代为行使人,即政府水行政主管部门根据水资源节约、管理和保护要求而制定,如不符合产业政策的建设项目新增取水、地下水超采区的地下水指标、用于满足河湖生态需水的水指标通常不允许交易等限制。

综上,本书从权利主体、客体、内容、属性、法理基础等方面对上述四种权属的区别和联系进行了对比分析,见表2.1。

表2.1 水资源多重权属的区别和联系

权属名称	权利主体	权利客体	权利内容	权利属性	法律法规及规章制度
所有权	国家、全民	地表水、地下水	占有、使用、收益、处分	兼具公法、私法属性	《宪法》《民法典》《水法》
取水权	自然人、法人或其他组织、县级以上行政区、流域	地表水、地下水	非完全占有、使用、收益、有限处分	私法属性	《民法典》《水法》《取水许可和水资源费征收管理条例》《水权交易管理暂行办法》
用水权	"三生"用水户、县级以上行政区、流域	地表水、地下水、再生水等非常规水源	非完全占有、使用、收益、有限处分	私法属性	《水权交易管理暂行办法》《关于推进水权改革的指导意见》,目前尚缺少相关法律法规支撑
可交易用水权	政府、用水权人对应的权利主体	地表水、地下水、再生水等非常规水源	在用水权权利内容基础上受到新的限制	私法属性	《水权交易管理暂行办法》《关于推进水权改革的指导意见》,目前尚缺少相关法律法规支撑

第 3 章 水资源刚性约束下用水权精细确权理论方法

3.1 水资源刚性约束基础理论

水资源不仅是基础性的自然资源和战略性的经济资源，也是生态环境的控制性要素。建立水资源刚性约束制度是破解我国水资源短缺制约瓶颈的必然选择，也是新时期落实"节水优先、空间均衡、系统治理、两手发力"治水思路，深化水资源管理体制机制改革的具体措施，与用水权初始分配和确权关系密切。

3.1.1 水资源刚性约束的内涵

3.1.1.1 水资源刚性约束的由来

随着经济社会的发展，水资源供需矛盾日益突出，人们也逐渐认识到水资源并非"取之不尽、用之不竭"的自然资源。自 1988 年颁布《水法》以来，我国水资源管理理念从"以需定供"转向"以供定需"，并逐步确定了取水许可与水资源有偿使用制度等一系列管控制度（左其亭等，2024）。

习近平总书记在 2014 年 3 月 14 日中央财经领导小组第五次会议上发表关于水安全的重要讲话，提出把水资源、水生态、水环境承载力作为刚性约束，贯彻落实到改革发展稳定各项工作中；在 2019 年 9 月 18 日黄河流域生态保护和高质量发展座谈会上进一步提出坚持以水定城、以水定地、以水定人、以水定产，把水资源作为最大的刚性约束；在 2020 年 1 月 3 日中央财经委员会第六次会议上的讲话中强调要坚持量水而行、节水为重；在 2020 年 8 月 31 日中央政治局审议《黄河流域生态保护和高质量发展规划纲要》会议上的讲话中强调，要大力推进黄河水资源集约节约利用,把水资源作为最大的刚性约束,以节约用水扩大发展空间;2021年5月,在推进南水北调后续工程高质量发展座谈会上强调:继续科学推进实施调水工程,要在全面加强节水、强化水资源刚性约束的前提下,统筹加强需求和供给管理。2022年10月,《中华人民共和国黄河保护法》(以下简称《黄河保护法》)颁布,明确规定"在黄河流域实行水资源刚性约束制度",首次以流域立法形式确立了水资源刚性约束制度。2023年5月,中共中央、国务院印发《国家水网建设规划纲要》,明确提出强化水资源承载能力刚性约束。

3.1.1.2 水资源刚性约束内涵

"刚性约束"指将某一事物严格限制在某一范围内,这种限制是硬性的、强制性的,所谓"最大的刚性约束"是指其在多种刚性约束中是居首位的,其约束能力是最强的,该约束边界严禁突破(陈茂山等,2020)。"水资源最大刚性约束"就是把水资源承载能力作为诸多约束性要素中最为关键的要素,任何人类活动和经济社会发展必须严格控制在水资源承载能力范围内(郭孟卓,2021)。

因此,本书认为水资源刚性约束就是根据水资源的禀赋条件,通过制定约束指标,包括江河水量分配、河湖生态流量水量保障目标、地下水的取水总量和水位双控指标、区域的可用水量等,结合区域具体情况,针对农业、城镇和生态安全等三大需求,科学制定水资源管控目标,定好水资源保护利用的范围边界,突出差别化管理,发挥水资源刚性约束作用。

水资源刚性约束的本质是处理人水关系,核心是以水定城、以水定地、以水定人、以水定产,实质是以区域可用水量为最大的刚性约束,将有限的水资源优化配置给各类用水户,破解水资源短缺制约瓶颈,以有限的水资源支撑区域生态保护和高质量发展。其中,"四水四定"属于水资源管理领域的理念和思路革新,实质是以生态保护和高质量发展为目标,在区域水资源承载能力评价基础上,将"城-地-人-产"规模、结构、格局、质量等作为表征指标,结合区域经济和社会发展规划,以经济和人口规模、产业结构等与水资源条件相协调为目标,进行水资源优化配置。

3.1.1.3 刚性约束制度与已有水资源管理制度的关系

从管控指标来看,最严格水资源管理制度注重行政区域尺度上用水总量、用水效率和水功能区水质目标的管控,"四水四定"在强调用水总量、用水效率指标的同时,更加注重产业结构、经济社会发展布局与水资源条件相协调,注重发挥水资源在引导产业结构调整、发展方式转变方面的约束性和引导性作用。在管控对象方面,最严格水资源管理制度的用水总量控制指标主要面向县级以上行政区域,尽管区域用水总量控制指标也按照农业、工业、生活、生态等不同类型用水户进行了细化,但考核仅针对行政区域的用水总量,不针对区域分行业用水总量进行考核;而"四水四定"则进一步明确了行政区域层面的城、地、人、产四类要素,不仅对行政区域用水总量进行考核,也对分行业用水量进行约束,是推动水资源精细化管理的具体体现,也是提升水资源主体约束地位,深化水资源刚性约束的具体体现(王若禹等,2023)。"四水四定"与相关制度的联系和区别见图3.1。

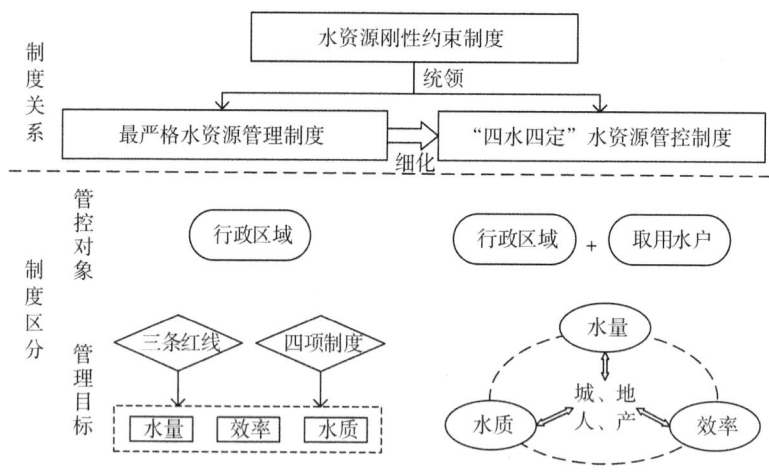

图3.1 "四水四定"与相关水资源管理制度的联系及区别

随着最严格水资源管理制度、水资源刚性约束制度等一系列政策制度的实施,面对生态保护和经济社会高质量发展提出的新要求,"四水四定"应把握与相关制度及规划(国土空间规划、生态红线、耕地红线等)的衔接,结合新时期城、地、人、产的发展需求,从约束对象、约束内容、约束制度、约束措施等方面构建水资源刚性约束制度体系下的"四水四定"水资源管控方案。通过制定约束管控指标、划定管控分区的边界,采取"指标约束+分区准入"管理方式,从供给端和需求端出发,对水资源质量管理、经济社会发展、产业布局和方向以及规模提出约束性的用途管制措施(图3.2)。

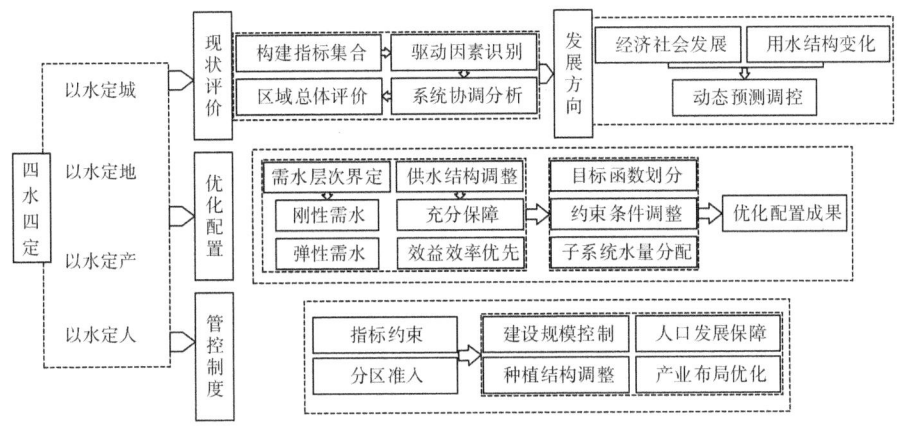

图 3.2 "四水四定"水资源管控思路

3.1.2 水资源刚性约束制度与用水权改革的内在联系

(1) 用水总量控制指标是用水权确权的重要依据

用水总量控制指标是流域(区域)用水权确权的刚性边界,流域(区域)尺度上用水权确权水量原则上不能超过流域(区域)用水总量控制指标;分水源、分行业用水量也不能超过流域(区域)分水源、分行业用水量控制指标。此外,对于有生态流量管控目标和管控要求的流域(区域),在确权过程中,河湖生态流量应予以优先保障。

(2) 用水权制度是水资源刚性约束制度体系重要组成部分

水资源刚性约束制度体系是由多个相互关联的制度构成的,其中用水权初始分配制度与水量分配制度、用水定额管理制度等共同组成了取用水管理制度;用水权交易制度则是在用水总量控制制度的框架下,按照盘活存量的思路,将流域(区域)有限的水资源在不同行业和用水户间进行市场化配置。用水权交易是为了实现水资源向高效益高效率的行业或领域流转,交易本身也有促进水资源节约集约利用的作用,如农业水权向工业水权的转让等,因此,用水权交易的目的是实现水资源优化配置,提高利用效率,这与水资源刚性约束制度的要求是一致的,体现了水资源精细化管理和制度化管理的发展趋势。

水资源刚性约束制度作为一项制度改革,是统领性的,其统领水资源开发、利用、节约和保护等。而用水权制度改革侧重在水资源开发利用领域,兼顾节约和保护,从这个意义上说,用水权制度体系是水资源刚性约束制度体系的组成部分,其相关制度建立要在水资源刚性约束制度下,要与之衔接。此外,用水权有偿取得制度则是水资源有偿取得、有偿使用制度的重要内容，也是水资源刚性约束制度的重要组成部分。

（3）用水权制度与相关制度的区别和联系

水资源刚性约束制度、最严格水资源管理制度与用水权制度，是彼此联系、各有侧重、不断深化、完整协调的统一体。水资源刚性约束制度是总要求，具有统领地位，是指导水资源开发利用的准则，包含水量分配制度、水资源承载能力评价制度、用水定额管理制度、用水权初始分配制度、规划水资源论证制度、取水许可与计划用水管理制度、水资源监测计量制度、用水总量控制制度、用水权交易制度、水资源有偿使用制度等一系列制度（于琪洋，2023；郭孟卓，2021）。

最严格水资源管理制度是针对用水端的管理要求，各级水行政主管部门通过水量分配，明确流域（区域）用水总量控制指标，并运用监测监管手段实现流域（区域）水资源开发利用和节约保护的监管。约束指标要通过水量分配方案，按照相应的技术标准和规范计算确定，取用水户的取用水行为主要通过制定相应的政策制度明确管理要求。最严格水资源管理制度主要通过取用水指标与考核指标对比分析、综合评估政策制度落实情况等手段确保流域（区域）水资源开发利用不突破相应管控要求。

用水权改革是按照建立"资源有价、使用有偿"新机制改革要求，在水资源刚性约束制度下，按照"四水四定"总体要求，围绕用水权确权、定价、赋能、交易、监管等制定的政策制度，通过用水权市场化交易，实现流域（区域）水资源高效利用。

水资源最大刚性约束制度主要是以区域可用水量为约束，坚持生态优先、节水为重、量水而行、强化监管的原则，从总量控制、优化配置、节约利用、超载治理、监督管理等方面建立水资源最大刚性约束制度体系，实现经济社会发展与水资源条件相协调。具体包括三个方面：①建立区域用水总量红线指标、地下水管控指标以及河湖生态流量目标等管控指标，明确区域水资源开发利用上限，将其作为区域经济社会发展的刚性约束；②严格实行以水定需、量水而行，合理规划人口、城市和产业发展，统筹生活、生产、生态用水，优化水资源调度配置，推进全社会节水；③以取水许可为抓手，严格水资源论证和取用水事中事后监管，加强水资源监测体系建设，提高水资源精细化管理能力，强化水资源刚性约束作用。

3.1.3 "四水四定"的科学内涵

基于水资源承载力理论，水资源系统与"城-地-人-产"系统分别是"四水四定"的主体和客体。"四水四定"强调"有多少汤泡多少馍"，一方面，科学核定区域可用水量，明确水资源系统的承载能力是"四水四定"基础和前提；另一方面，剖析"城""地""产"的规模、结构、布局、质量及其相互作用关系,做到客体"城""地""人""产"四位融合,是"四水四定"实施的重点(王浩等,2023)。

3.1.3.1 可用水量及相关概念辨析

所谓"承载主体"实际上是区域内可供生产、生活、生态等各类用水户利用的各类常规或非常规水资源,包括地表水(当地地表水、过境水)、地下水、外调水等常规水源以及再生水、微咸水、矿井水等非常规水源。"四水四定"强调"有多少汤泡多少馍",因此科学核算区域可用水量是"四水四定"需要解决的技术问题之一。

(1) 可用水量的内涵

可用水量是随着"建立水资源刚性约束制度"而提出的,水利部在《2020年水资源管理工作要点》中明确提出加快开展各地可用水量确定工作,要求确定流域内各地市可开采利用的地表水量、地下水量、外调水量、非常规水量。目前学术界尚未明确可用水量的概念和内涵,但根据建立水资源刚性约束制度的有关要求,可用水量应包括如下内涵:①可用水量服务水资源刚性约束制度,其统计计算单元为县级以上行政区域,可采用流域分区套行政分区的方法进行计算;②为了便于分析计算,可认为生态环境系统独立于"城-地-人-产"系统,在优先保障基本生态环境需水前提下,剩余水量才可作为可用水量;③可用水量基于取用水量口径进行统计计算,属于毛水量概念;④可用水量具有动态性,与来水频率、工程能力有关,不同来水频率和规划水平年的可用水量可能不同;⑤区域可用水量确定时,应以区域水量分配方案的分水指标、河湖生态流量管控目标、地下水可开采量及其管控指标等为刚性约束;⑥可用水量不仅包含当地地表水、地下水,还包括过境水、外调水和非常规水等水源。据此,本书将可用水量内涵界定为:可预见期内,以行政区域为计算单元,在满足基本生态环境需水前提条件下,统筹考虑区域水资源禀赋、工程供水能力、河湖水量分配和地下水管控指标,由此确定的不同来水频率下和不同水平年中地区可以利用的水资源量。

(2) 相关概念辨析

可用水量与可供水量、水资源可利用量、用水总量控制指标等相关概念既有联系又有区别。其中,可供水量的分析范围通常为工程供水范围,统计计算口径为供水口径,其数量除与来水频率、工程能力等有关外,与区域用水需求关系也十分密切,其约束条件为区域供水能力;可供水量的构成为浅层地下水、地表水及其他水源可供水量等,在分析过程中需判别不同工程间是否存在重复计算,并考虑单个工程供水范围与计算区域的一致性问题。水资源可利用量通常以流域为计算单元,统计口径为耗水口径,其数量与来水频率、工程能力有关,通常以一次性最大消耗水量为约束,构成为地表水资源可利用量和地下水资源可开采量。用水总量控制指标的计算单元通常也为流域套行政区,统计口径为取用水口径,是在考虑来水条件、供水能力、用水需求基础上,通过协商调整及综合平衡的方式确定的,以水资源可利用量为上限进行约束,主要包含地表水、地下水等;《全国水资源综合规划》中配置了非常规水源的省份,通常也将非常规水源利用量纳入总量指标进行考核。可用水量与可供水量、水资源可利用量、用水总量控制指标等的对比见表3.1。

表3.1 可用水量及相关概念的联系和区别

序号	术语	概念内涵	特点
1	可用水量	在可预见的时期内,以行政区域为计算单元,在满足生态环境用水的基础上,统筹考虑水资源条件、工程供水能力、河湖水量分配以及管控指标等,由此确定的不同来水条件(频率)下和不同水平年中具体一个地区可以利用的水资源量;可用水量按照水源类型可分为地表水可用水量、地下水可用水量、外调水可用水量和非常规水可用水量	①计算单元为行政区域;②统计口径是取用水口径;③与来水频率和工程能力有关;④以水量分配方案、河湖生态流量管控目标、地下水管控指标为约束;⑤包含本地水、外调水和非常规水等各种水源
2	可供水量	根据需水要求,基于不同的来水条件,供水工程按照相应的运行规则和方式进行调配,供水工程可提供的不同保证率、不同水平年、满足用水水质要求的水量;不同保证率的可供水量应不大于相应不同降水频率下的需水量	①计算单元为工程供水范围;②统计口径是供水口径;③与来水频率、工程能力、需求等有关;④以区域供水能力为约束;⑤包含浅层地下水、地表水以及其他水源可供水量,需判别是否存在重复计算并考虑单个工程供水范围与计算区域的一致性问题
3	水资源可利用量	在可预见的时期内与近期下垫面条件下,以流域为计算单元,通过技术可行的、经济合理的方法与措施,综合分析生态环境、生活以及生产用水,可获得的在当地水资源中不同来水条件下,可供经济社会取用的、可一次性利用的、水质满足用户要求的最大消耗水量	①计算单元为流域;②统计口径是耗水口径;③与来水频率、工程能力有关;④以一次性最大消耗水量为约束;⑤包含地表水资源可利用量和地下水资源可开采量
4	用水总量控制指标	区域用水总量控制指标是依据《全国水资源综合规划》及已有水量分配成果,以水资源分区套县级以上行政区为计算单元,综合考虑当地水资源开发利用现状、经济社会发展用水需求及水资源配置工程规划,以水资源可利用量为控制,进行不同水源、不同行业用水指标的层层分解,并经过协商、谈判等最终形成县级行政区的用水总量控制上限	①计算单元为流域套行政区;②统计口径是取用水口径;③综合考虑来水、供水、需水条件的多年平均值;④以水资源可利用量为约束;⑤包含地表水、地下水、非常规水源等各种水源

3.1.3.2 "城""地""人""产"关系剖析

"城-地-人-产"系统属于承载负荷,客观认识系统四个要素之间复杂的关联关系及其用水竞争关系是科学认识"四水四定"的基础。其中,"人"是"城""地""人""产"四要素中的核心要素,"人"主导区域水土资源开发模式和开发强度,直接决定"城""地""产"的规模、结构、格局和质量。"城"或"城镇"为非农产业和非农业人口聚集的场所;"地"则是农业产业和农村人口聚集的场所;"产"包含农业、工业、建筑业和第三产业;"人"则为产业发展提供劳动力和技术支撑,包含城镇居民和农村居民。可见,"城""地""人""产"相互关联且融合发展,"城"承载着"人","人"对美好生活的向往需要生态环境和产业的支撑,"城"和"地"分别是非农产业和非农业人口、农业产业和农村人口的载体,二者既相互联系又相对独立。

(1)"城""人""产"关系

城市是非农产业和非农业人口聚集的场所。国家新型城镇化建设背景下,"产城人融合"对城市建设提出了新的要求,也需要重新认识"城""人""产"之间的关系。从城市空间角度分析,城市是人口、产业的空间载体,"城""人""产"分别代表了城市的用地空间、社会空间、产业空间,城市规模、土地空间形态决定了用地空间,产业规模、结构和布局决定了产业空间,人口数量、结构决定了社会空间,三类空间相互交叉、融合,构成完整的城市空间(陈霆等,2022)。从城市功能角度分析,城市基础设施、公共服务和第三产业为城市居民生活、产业发展提供硬件和软件支撑;城市人口聚集带来生产要素,为产业发展提供劳动力和智力支持,同时为城市带来消费需求,成为第三产业发展的内生动力;工业、服务业等产业聚集带动人口聚集,促进产业空间发展和经济活动的多元化,城市土地开发规模、结构也会相应调整,从而为城市发展提供动力。

(2)"地""人""产"关系

农村是农业产业和农村人口聚集的场所。国家粮食安全战略、乡村振兴战略实施及生态文明建设背景下,对农业产业规模和结构、农村居民点布局等提出了新的要求。从空间角度分析,农业空间包括耕地、园地、养殖用地,生态空间之外的草地、林地,以及农业设施建设用地等农业生产空间及村庄用地等农村生活空间(付海英等,2021)。从功能角度分析,土地作为农业生产要素和载体,具有保障粮食供给、提供田园观光与休闲体验场所、维持生物多样性与生态平衡等多种功能;农村人口不仅为农业产业带来生产要素,而且与城市居民共同带来消费需求,为农业和农村发展注入活力;传统农业发展为经济社会发展提供粮食保障,而观光农业、体验农业、创意农业等现代农业发展,为经济发展提供了新的动力和增长极。

3.1.4 "四水四定"的逻辑思路

在区域尺度上,水资源制约着产业结构、规模及其格局,进而决定区域城镇化水平及人口规模和结构(Zhang et al.,2018;杨朝晖等,2021;焦士兴等,2020)。根据"城-地-人-产"系统各要素间的关联关系,在区域水资源承载能力约束下,"定城""定地""定人""定产"并非同一层次的不同方面,而是各有侧重但彼此关联、相互影响的过程(图3.3)。

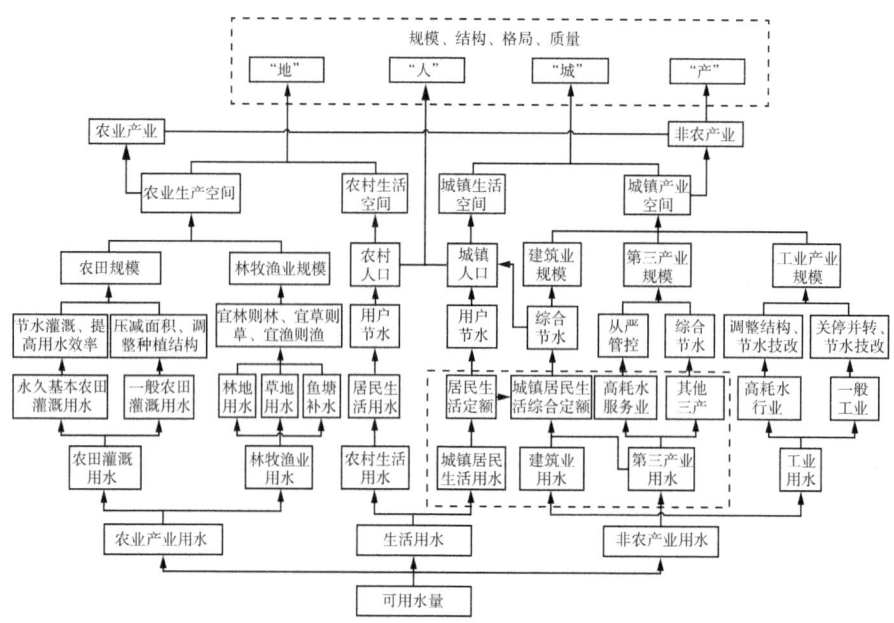

图 3.3 "四水四定"的逻辑思路

3.1.4.1 "以水定产"是基础

从"四水四定"逻辑关系分析,产业聚集创造新的"产业空间",影响宏观区域的三次产业结构,并为人口提供就业岗位,引导人口向城镇或乡村流动和集聚,城镇人口的集聚又对城市基础设施、公共服务设施及多样化的功能提出要求,进而改变城市的空间结构和产业结构(陈恬等,2021)。可见,农业产业和非农产业的结构性差异在很大程度上表现为区域"地"和"城"的差异,进而决定了人口规模和城乡结构。从水资源利用角度分析,农业产业和非农产业是区域的最主要用水部门,也是"四水四定"过程中需重点考虑的对象,所谓定"城"和定"地"在很大程度上是确定非农产业和农业产业的规模、结构和格局。因此,"以水定产"是"定城""定地""定人"的重要基础。

3.1.4.2 "以水定地"是重点

农业和农村发展是我国经济发展的重要组成部分,是保障国家粮食安全和实现乡村振兴的主战场。农业是用水大户,"以水定地"是"四水四定"的重点内容。"以水定地"即按照我国主体功能区划和耕地保护要求,根据区域水资源承载能力,核定农田及生态保护红线之外的林地、草地等规模。永久基本农田原则上不允许调整其规模和种植结构,可采取节水灌溉等措施降低亩均灌溉用水量(1亩≈666.7 m^2),一般农田可采取轮耕休耕、调整种植结构等措施压减用水量;林牧渔业则按照宜林则林、宜草则草、宜渔则渔的原则,控制其规模和结构。乡村振兴战略的实施,促使乡村生产生活方式和产业结构不断升级,势必改变乡村空间原有发展模式,农村居民点用地结构也将分化重组(马雯秋等,2022)。在此背景下,需要以"水"为约束,与顶层规划做好衔接,合理规划村庄规模和布局,结合农村居民用水户节水,控制农村生活用水量。

3.1.4.3 "以水定城"是关键

新型城镇化是我国现代化建设的重要支撑。2021年,我国常住人口城镇化率达到64.7%,预计到2035年,我国城镇化率将达到80%(肖若石,2022)。"以水定城"是"四水四定"的关键所在。城镇开发边界是国土空间划定的指导和约束城镇发展的空间管制控制线,城镇产业结构、规模、人口数量及其分布在很大程度上决定了城镇开发边界(陈霆等,2022)。工业方面,应以水效为重,即用水效率和单方水产值。根据新型工业化绿色低碳发展要求,合理确定工业发展规模,积极推进产业结构调整,大力实施节水改造,降低高耗水行业比重,针对规模小、水耗高、污染重的一般工业企业,实施关停并转或节水改造,压减工业用水量;建筑业和三产方面,在实施综合节水的同时,严控高耗水服务业规模;城镇生活方面,推进居民生活节水和公共供水管网改造,控制城镇生活用水规模。通过以上措施,控制城市规模和用水总量,实现"以水定城"。

3.1.4.4 "以水定人"是结果

人口作为生产要素之一,具有较强的流动性,人口的空间移动通常是寻求更好的就业、教育机会和居住环境,区域人口规模、结构与分布格局通常深受产发展和城镇化建设的影响(陈怡等,2021)。因此,"以水定人"并非直接根据区域水资源承载能力,通过人均综合用水量等水资源管理指标框定区域人口规模上限,而是在综合考虑区域"城""地""产"的基础上,进行综合平衡分析,确定区域人口规模上限。从这个意义上讲,"以水定人"是"定城""定地""定产"的结果。

3.1.5 水资源对"城-地-人-产"的约束机制

"四水四定"管理理念下,区域可用水量成为"城-地-人-产"规模、结构、格局的约束性要素,但目前水资源对"城""地""人""产"四要素的约束机制尚不健全,在当前的水资源管理制度框架下,有必要系统梳理水资源对"城-地-人-产"系统各要素的约束机制,从而为完善水资源刚性约束制度提供支撑。由于约束对象不同,管控目标、约束手段也存在相应差异。

3.1.5.1 "以水定城"约束机制

(1) 管控目标

"以水定城"约束对象为城镇,属区域尺度。管控目标是立足区域可用水量,合理制定城市总体规划和发展定位,引导产业发展,合理调控人口规模,科学确定城市产业空间和生活空间,强化城镇开发边界管控,严格控制水资源短缺地区新增城市建设用地指标,推动缺水地区超大城市、城市群人口及非核心功能向水土资源丰富区域疏解,形成宜水适水、高效协调的城市发展布局,建设"产城人融合"、精明增长的适水型城市。

(2) 约束手段

建立健全水资源刚性约束制度,强化"以水定城"指标在城市总体规划、相关产业规划中的约束和引导作用,强化城市节水,以节水换取发展空间,促进水资源承载力评价与城市总体规划的有机结合;完善规划水资源论证制度,强化规划水资源论证在城市新区、新市镇规划、各类开发区(新区)建设中的约束和引导作用;完善节水型城市创建、县域节水型社会达标建设等制度体系,健全城市规划和建设项目节水评价机制,完善城市节水评价指标体系,强化城市节水降损、再生水利用等用水强度约束。

3.1.5.2 "以水定产"约束机制

(1) 管控目标

用水户是各产业最基本的用水单元,用水户尺度"以水定产"的管控目标是严控高耗水工业和服务业项目规模,将取用水总量限制在取水许可或确权水量指标范围内,通过节水技术改造、推进落后和过剩产能关停并转等措施,防止低效用水或浪费水等行为,遏制不合理用水需求,满足用水效率管控要求。区域尺度上,针对工业,需要结合《产业结构调整指导目录》,化解过剩产能,淘汰落后产能,降低高耗水高污染行业比重,严控用水强度高的新增产能,构建与水资源承载力相适应的绿色化、智能化现代产业体系;针对建筑业和第三产业,需要提高建筑施工用水效率,严控高耗水服务业规模,优化第二、三产业结构。

(2) 约束手段

用水户尺度上,针对工业企业中的自备水源用水户,通过建设项目水资源论证和取水许可管理、计划用水管理等制度,结合取用水监管等手段对用水户取用水总量和用水效率进行管控;对于公共供水管网覆盖范围内的工业企业、第三产业等用水户,考虑到目前大部分省级行政区未将这类用水户纳入取水许可管理,可按照《关于推进用水权改革的指导意见》要求,结合用水权确权等工作,加快明晰这两类用水户的用水权,采用单位产品用水量(或其他用水单耗指标)、用水权确权水量等指标进行约束。区域尺度上,通过建立健全水资源刚性约束制度,突出重大产业布局及工业园区规划,以及农业、工业、能源等专项规划的水资源承载能力约束;依据建设项目水资源论证(或水资源论证区域评估)与取水许可管理制度,严格设置产业准入条件,强化农业、工业、第三产业等分行业用水总量控制与效率约束并实施考核。

3.1.5.3 "以水定地"约束机制

(1) 管控目标

用户尺度"以水定地"聚焦农业用水户的用水管控,管控目标是将实际用水量约束在基于先进定额计算的用水量或用水权确权量范围内,防止出现"大水漫灌"等浪费水的行为。区域尺度上,针对永久基本农田,在维持其面积不缩减的前提下,结合种植结构调整、节水灌溉等措施,降低亩均灌溉用水量;针对一般农田,则通过轮耕休耕、降低灌溉强度、调整种植结构等措施,结合节水灌溉、发展适水种植等措施,控制区域农业用水量,提高灌溉用水效率,降低亩均灌溉用水量。

(2) 约束手段

随着我国农业水价综合改革的不断推进,部分省级行政区已将用水总量控制指标细化分解到农村集体组织、农民用水合作组织、农户等用水主体;《关于推进用水权改革的指导意见》要求根据灌区实际和计量条件,将灌溉用水户水权分配到灌域、农村集体经济组织、农民用水合作组织或村民小组、用水管理小组、用水户,从而为实行用户尺度的农业用水总量控制创造了条件。因此,农户尺度上的约束手段主要是通过持续推进农业水价综合改革、用水权改革等,建立健全灌溉用水户确权交易制度等,实现用水总量和用水效率约束。区域尺度上,通过建立健全水资源刚性约束制度,结合农、林、牧、渔监测计量实际情况,推进区域农业用水量约束和考核,强化规模以上灌区,实行计划用水、用水计量、定额管理等;同时,结合乡村振兴战略,推动节水高效农业和生态农业融合发展,强化用水效率控制和定额管理,实现农业用水总量和强度双控。

3.1.5.4 "以水定人"约束机制

(1) 管控目标

微观尺度"以水定人"主要约束个人、家庭等用水主体的用水量及用水效率,主要目的是纠正城乡居民日常生活中用水浪费的行为,引导个人和家庭养成节约用水的行为习惯。区域尺度上"以水定人"的核心是将水作为区域人口规模核定的主要判别因子,对于人口高度聚集的城市,通过疏解非核心功能控制人口规模;对于严重缺水地区,通过实施生态移民等措施,实现人水和谐。

(2) 约束手段

对于个人、家庭用水而言,可通过完善阶梯水价等制度,充分发挥水价杠杆作用,倒逼用水户节水;同时,加大节水宣传教育,结合水利部等十部门发布的《公民节约用水行为规范》,强化对公民用水节水行为的约束和指导,督促公民形成节水护水的意识。区域尺度上生活用水量是个人、家庭用水量集体涌现的结果,可通过建立健全水资源刚性约束制度,对区域城镇生活和农村居民生活用水量实施总量控制,结合用水定额管理,实施生活用水总量和强度双控。

3.1.6 "四水四定"约束指标体系

"四水四定"是根据区域水资源禀赋条件,科学制定水资源管控目标,通过制定约束指标,如江河水量分配指标、河湖生态流量水量、地下水的取水总量和水位双控指标、区域的可用水量等,定好水资源保护利用的范围边界,突出差别化管理,发挥水资源刚性约束作用。约束指标是其中的重要一环,然而,当前还未形成"四水四定"约束指标体系。为了引导水资源合理开发、高效利用及有效保护,在已建立的最严格水资源管理制度、地下水管控指标、河湖生态流量(水位)保障目标等有关管控指标基础上,结合"四水四定"新要求,亟需构建"四水四定"约束指标体系。

(1) 综合协调性指标

综合性指标从水资源系统和"城-地-人-产"系统宏观层面出发,反映水资源刚性约束的要求,结合"四水四定"内涵,选择区域用水总量控制指标、可用水量、万元 GDP 用水量、地下水可开采量、行业用水比重、适宜水域面积六个指标表征。

(2)"以水定城"指标

"以水定城"聚焦水资源总量约束下城市开发规模与组团布局,考虑城市安全韧性、生态宜居等要求,根据水资源承载能力合理确定城市用地空间,划定城镇开发边界控制线,推动城市由规模扩张向内涵式、集约化、绿色化发展,建设精明增长的适水型城市。选择城镇建成区面积、单位城镇建设用地面积用水量、人均城市建设用地面积、城市可渗透面积率等指标表征。

(3)"以水定地"指标

农业是用水大户,种植结构、灌溉用水效率对区域农业用水量影响较大,因此,除耕地保有量外,有必要将反映灌溉用水效率的相关指标纳入"以水定地"约束指标体系,通过压减高耗水作物面积、调整作物结构、节水灌溉等措施,压减灌溉用水量,提高用水效率,实现用水总量管控。选择农业用水量、耕地有效灌溉面积、农田灌溉水有效利用系数、粮食生产效率等指标表征。

(4)"以水定产"指标

"以水定产"重点关注工业、建筑业和第三产业等非农产业,强调根据水资源承载能力优化产业布局、结构和规模,化解过剩产能,淘汰落后产能,降低高耗水高污染行业比重,严控用水强度高的新增产能,构建与水资源承载力相适应的绿色化、智能化现代产业体系。选择工业用水量、万元工业增加值用水量、三产比重等指标表征。

(5)"以水定人"指标

城市产业结构和发展水平决定城市基础设施建设质量和公共服务水平,在水资源承载能力约束下,人口数量和结构与产业结构相匹配时,"城""产""人"才能融合发展。选择城镇生活用水量(含建筑、三产)、农村居民生活用水量、人口规模、城镇化率、人均综合用水量等指标表征。

3.1.7 "四水四定"约束下经济社会高质量发展的综合战略

"四水四定"是新时期破解我国水资源短缺制约瓶颈、保障国家水资源的重要举措,近年来我国水资源管理不断强化和精细化,特别是最严格水资源管理制度实施以来,用水总量和强度双控制度已初步建立,但受资源禀赋条件和过去"以需定供"管理思路影响,我国部分流域和地区仍存在刚性约束"不刚"的问题,具体表现在刚性约束相关法律法规和制度不健全、约束力不够、管理不到位等方面,难以满足经济社会高质量发展需求(胡庆芳等,2022)。为此,需从水资源承载能力出发,在厘清区域"四水四定"概念内涵、约束机制和约束指标基础上,提出"四水四定"约束下经济社会高质量发展总体战略。

(1) 基于可用水量,明确区域水资源承载能力

区域水资源承载能力是"四水四定"的重要依据。落实"四水四定",不仅要强化需求侧管理,控制经济社会发展规模,优化调整产业结构和布局,削减水资源承载负荷,同时也需要对供给侧进行优化,调整水资源时空分布,提升各类可利用水源的集约利用水量,进而提升其承载能力。水利部2016年印发实施的《全国水资源承载能力监测预警技术大纲(修订稿)》将用水总量和地下水开采控制指标作为水量要素承载能力,将实际用水总量和地下水开采量作为承载负荷,将负荷与能力的比值作为区域超载状况的评价标准。由于可用水量与用水总量控制指标存在较大差异,在"四水四定"和水资源刚性约束理论框架下,不仅要以行政区域为基本单元,明确区域可用水量,同时,还应开展基于可用水量的区域水资源承载能力评价,在保障河湖生态流量前提下,明确区域可用水量上限,合理确定基于可用水量的区域水资源承载能力,为科学确定经济社会发展规模、结构和布局,保障经济社会高质量发展提供支撑。

(2) 处理好节水与调水的关系,促进空间均衡

"四水四定"追求的终极目标是实现"空间均衡"。所谓"空间均衡",既要统筹考虑水量、水质、水域、水流、水生态等多要素之间的均衡,又要考虑国家、流域、区域等不同尺度、不同目标之间的均衡,需要严格遵守"三先三后"要求,按照"确有需要、生态安全、可以持续"的原则,处理好节水与调水的关系;根据区域水资源禀赋条件、功能定位及发展需求,处理好"强载"与"卸荷"的关系。在国家尺度上,加快国家水网建设,完善水资源配置、水生态治理等涉水基础设施布局,对于强化水资源时空调配能力,促进水资源承载能力与负荷均衡具有重要意义;在流域尺度上,遵循水循环基本规律,加快区域性水资源配置工程建设,完善非常规水源利用基础设施,实现上下游、左右岸的均衡发展;在区域尺度上,以可用水量为刚性约束,优化经济社会发展规模、结构和布局,实现城乡协调发展。

(3) 围绕"四水四定"制度体系,提升管理能力

制度是"四水四定"长效机制的重要保障。推动区域可用水量、分行业用水量、江河流域分配水量、地下水可开采量和水位管控指标、河湖基本生态流量等纳入刚性约束指标体系,成为区域水资源开发利用的"硬约束";结合新一轮用水权改革,加快用水权初始分配,以农业、工业等为重点,将用水权进一步细化分解到可监测计量的最适宜单元,推动建立用水权初始分配制度;建立健全用水权收

储交易制度,探索用水权有偿取得管理模式,促进多种形式的水权交易,盘活存量水资源。强化取用水监测计量管理,实现非农业取水口和大中型灌区渠首取水口计量全覆盖,提高取水量计量率和在线监测率;建立健全取用水监管机制,建立监管用水统计数据分析机制,提升用水统计调查能力水平,加强信息化手段和遥感技术在来水预报、取用水监测计量、生态流量监测预警等业务中的应用,全面提升取用水监测计量水平和数据统计精度,为落实"四水四定"和水资源刚性约束制度提供技术支撑。

3.2 国内外用水权初始分配案例分析及启示

用水权初始分配是指国家授权的水行政主管部门通过法定程序为流域、省、市、县、用水户等不同层次用水主体初次分配水资源使用权。国外开展用水权初始分配的研究和实践较早,形成了河岸权、优先占用权、公共水权等不同分配规则。我国自2007年由水利部颁布了《水量分配暂行办法》。"十一五"期间,水利部启动了科技创新项目"流域初始水权分配与总量控制研究",开展了松辽流域水资源使用权初始分配等专题研究,以及霍林河流域、大凌河流域省(自治区)际初始水权分配试点工作。"十二五"期间,水利部启动了跨省江河流域水量分配工作,并选取宁夏、江西、湖北、内蒙古、河南、甘肃、广东七省(自治区),开展了水资源使用权确权登记和水权交易试点工作。"十三五"期间,水利部提出推进水权交易流转制度建设,持续推进流域和区域初始水权分配工作。"十四五"期间,国家明确提出建立水资源刚性约束制度,推进用水权市场化交易,河北、宁夏等省(自治区)积极探索水权改革,开展水权确权工作,并提出了水权确权方法体系。本节通过梳理国内外用水权初始分配的典型案例,归纳总结可借鉴的经验,为水资源刚性约束下用水权初始分配理论和方法研究提供支撑。

3.2.1 国内相关案例

3.2.1.1 北方缺水地区案例

1) 河北

河北省以用水权为对象,将确权对象划分为两个层级,分别进行确权:第一层级为从流域到省级、地级、县级行政区的用水权,其实质是水资源区域配置;第二层级以各县级行政区确定的用水总量指标为边界约束,将用水权进一步确权给公共供水部门和用水户,即以取用水户为单元进行确权(马素英等,2019)。

（1）区域初始水权分配方法

以地级行政区为确权单元，以国家、省、市三级水资源综合规划，江河水量分配方案，河北省引黄工程规划，南水北调东中线河北省配套工程规划为依据，以国家、省、市三级用水总量及地下水总量控制指标体系为约束，确定各地级行政区不同水源可利用量，并分配至下辖各县级行政区。

（2）用水权确权方法

第二层级水权确权以县级行政区确定的用水总量控制指标及第一层级确定的不同水源可利用量为边界约束，在全面分析县域内经济社会发展现状、水资源禀赋、供用水现状、工程规划及运行情况等基础上，根据各行业近几年用水情况、用水特点以及未来经济社会发展相关规划，确定合理的生活、非农生产、生态环境用水量，政府预留水量及农业可分配水量，最后将各行业合理用水量、农业可分配水量及预留水量，层层分解至生活、非农生产、生态环境、预留水量和农业等各领域最小分配单元或用水户。

①合理生活用水量确定

合理生活用水量以近三年平均用水量为基础，以相邻县域用水水平为参照，以省级用水定额和城镇居民生活用水阶梯水价制度中第一阶梯水量为约束，根据计量设施安装情况，选择调查统计法、定额分析法、类别法、政策约束法等，分别确定城镇生活、农村生活（含散养畜禽）合理用水量。其中，城镇居民生活用水量以城镇生活用水定额校核监测计量的近三年人均日实际供水量，并不得高于第一阶梯水量基数；确定农村居民生活用水量时，针对已安装监测计量设施的，以农村生活用水定额校核集中供水站或供水井近三年人均日实际供水量，未安装监测计量设施的，以用水定额校核类比法确定的取用水量。

②合理非农生产用水量确定

非农生产合理用水量确定与生活合理用水量确定方法类似，以近三年平均用水量或水平衡测试成果为基础，以同类地区同类行业相近规模用水水平为参照，以省级用水定额中的单位产品用水定额及水行政主管部门发放的取水许可证载明的许可水量为约束，根据取水许可证办理情况及监测计量设施安装情况，依据取水许可证载明的许可水量或通过调查统计、水资源论证、水平衡测试，以及定额法、类比法等方法，综合确定非农生产合理用水量。其中，对于已依法取得取水许可证的取用水户，以监测计量的近三年实际用水量或以定额法计算的水量校核许可水量，两者误差小于10%时取许可水量，否则取较小值；对于无取水许可证的取用水户，按要求开展水资源论证，采用近三年实际用水量或采用类比法校核水资源论证确定的水量；对于小微企业，采用定额法核算用水量，以类比法进行校核,取较小值作为非农生产合理用水量。

③合理生态环境用水量确定

第一层级水权确权已经优先满足了河湖生态需水,因此第二层级水权确权过程中,生态环境用水仅需考虑城镇绿化和市政杂用水,具体采用近三年平均用水量作为合理用水量,以相关标准规范核算实际需水量,并优先利用再生水等非常规水源解决生态环境现状亏缺部分,确保生态环境用水得到有效保障。

④农业可分配水量确定

农业可分配水量为确定的可分配水量扣除合理的生活、非农生产、生态环境等用水量和预留水量后的剩余水量。其中合理的预留水量主要用于应对区域未来发展对水资源需求的不确定性。主要考虑随着经济社会发展和生态保护等要求而预留的基本生活和生态环境需水量,具体可采用定额法进行预测。

2) 甘肃

甘肃省以疏勒河流域为试点,开展了农业、工业用水确权工作。其中,确权具体有三个步骤(戚笃胜等,2016)。首先,明确经济社会发展用水的总量控制指标,按照《敦煌水资源合理利用与生态保护综合规划(2011—2020年)》确定的玉门市、瓜州县生态水量,双塔水库、双墩子断面、西湖玉门关断面生态水量要求,优先满足河流及绿洲生态需水;其次,根据分级下达试点地区的用水总量红线指标,扣除生态用水指标后,进行生活、农业、工业等不同领域水量分配,作为确权水量的边界约束条件;最后,针对农业、工业等不同类型取用水户进行确权。

①农业水权确权

农业用水确权以农民用水户协会、农业生产经营大户为确权对象,核定各确权对象的农田灌溉面积,根据作物类型及灌溉用水定额计算灌溉用水量并进行确权。农田灌溉面积可根据实际情况分别依据酒泉市审批的《甘肃省疏勒河流域水权试点水资源使用权确权实施方案》依法核定灌溉面积、二轮土地承包面积、国家土地占补平衡和2003年前国家政策性新增耕地面积进行核定;灌溉定额按照作物类型、灌溉分区等进行确定。核定用水权后,统一发放水资源使用权证,并载明灌溉面积、水量及类别、灌溉定额、权利义务、期限、取得方式、事项记录等内容。

②工业水权确权

通过规范取水许可管理,发放取水许可证确认取水权。其中,对于已取得取水许可证的企业,按照取水许可证载明的取水量进行确权;对于未按取水许可证取水的企业,通过开展用水合理性分析等,核定取水量并重新发放取水许可证,按照新证许可水量进行确权;对于未取得取水许可证或取水许可证已过期的企业,开展水资源论证并按规定程序办理取水许可证后,按照载明的许可水量进行确权。

3) 黑龙江

黑龙江省以五常市、肇州县、庆安县(李铁男等,2017)等为试点,针对当地地表水、浅层地下水、外流域调水等常规水源,按照生活用水、生态用水、非农业生产用水和农业用水四大类进行确权。

①生活用水确权

城乡居民生活用水以公平性为原则予以优先保障,具体采用调查统计法和定额分析法确定居民合理生活用水量,以近三年人均生活用水量为基础,结合黑龙江省其他县域人均用水情况及省级用水定额,合理确定现状居民生活用水定额。其中,城镇居民生活用水以城镇居民人口和城镇居民生活用水定额进行核定,确权到自来水公司;农村居民生活用水以农村供水工程供水人口和农村居民生活用水定额进行核定,确权到设计供水规模 20 m^3/d 以上的农村饮水工程。

②生态用水确权

生态环境用水确权对象为城镇河道外生态环境用水,包括市政绿化、环境卫生等用水,确权过程中对生态用水中的工艺用水予以优先保障。其中,市政绿化用水主要包括公园绿地、防护绿地灌溉用水,按照绿地灌溉用水定额、绿地面积和灌溉频率计算确权水量;环境卫生用水主要是城市环境卫生清洁用水,按照道路浇洒用水定额、道路面积和浇洒频率计算确权水量。

③非农业生产用水确权

非农业生产用水保证率较高,确权水量主要依据企业批复的产能、用水定额、水平衡测试成果以及近三年实际用水量等进行核定,以水行政主管部门核准颁发的取水许可证为约束,选择调查统计法综合确定非农业生产确权水量。

④农业用水确权

农业用水确权对象一般为万亩以上灌区管理单位,有条件的灌区进一步将农业用水确权到农民用水者协会,并核发取水许可证或水权证,其余灌溉农田进行农业水权分配,但不进行确权。

影响农业用水确权水量的因素众多,由于试点地区旱田主要是雨养型农业,灌溉需水量较小,干旱年份可利用预留水量对农田进行灌溉,因此黑龙江省农业用水确权主要针对水田进行确权。在确权过程中,首先依据区域用水总量控制指标,扣除生活、生态和非农业用水和预留水量后,将剩余水量作为农业可分配水量,并以灌区管理单位管辖的耕地面积统计数据作为确权面积进行确权,有条件的灌区根据灌区内部农业用水协会管辖权限范围内的灌溉面积进一步确权到农业用水协会,并由协会进行统一管理,协会根据内部各用水户的灌溉面积再进行细化确权和管理。

3.2.1.2 南方丰水地区案例

(1) 江西

江西省以高安、新干、东乡三个县(市、区)为试点,开展取用水户水资源使用权确权登记。以纳入取水许可管理的取用水户、国有水库和国有灌区供水范围内的取用水户、农村集体经济组织及其成员为对象,在对各类对象供用水情况进行摸底调查基础上,分类开展用水权确权登记。

①工业企业用水权确权

工业企业用水权确权对象为试点范围内的四家自备水源工业企业,通过开展水资源论证,合理核定企业取水许可量并发放取水许可证,将取水许可证载明的取水许可量作为企业确权水量,并进行用水权确权登记。此外,积极探索建立取水许可延续评估制度,规范取水许可延续管理。

②国有水库和灌区供水范围内的取用水户确权

确权对象为农村集体经济组织、村委会或村组,以及供水范围内的公共供水企业和工业企业。其中,农业用水户按照以供定需的原则,综合考虑区域用水总量控制指标、水库可供水量、用水定额、灌溉保证率、渠系长度、计量口位置、灌区土壤特性等因素,确定灌区渠系水利用系数和确权对象计量口以下的毛灌溉定额,并根据毛灌溉定额和灌溉面积计算确权水量;公共供水企业和工业企业确权水量主要依据近三年实际用水量、行业用水定额、用水总量控制指标等分析核算确定。确权水量公示无异议后,由水库管理单位与各用水组织共同签订《水资源确权登记协议》,明确水量配置原则、设施管护范围等,明确供水及取用水双方责任和义务。

③农村集体经济组织及其成员用水权确权

确权对象为取用农村集体经济组织的水塘和修建管理的水库水资源的农村集体经济组织(农民用水协会、农民用水合作组织等),以及村委会、村组等。根据灌区渠系水利用系数、净灌溉定额和灌溉面积,计算确权水量。对于确权对象包括两个及以上农村集体经济组织的水库、水塘,为避免矛盾纠纷,先由利益相关方共同签订用水协议,再进行确权;确权水量经公示无异议后再进行登记。

(2) 广东

广东省以东江流域为试点,建立了水权确权机制。以行政区域、农业及非农业取水户为对象,开展了水权确权工作(车小磊,2018)。其中,区域水权确权在 2008 年《广东省东江流域水资源分配方案》明确的各配置单元水量分配指标基础上,于2016年分解下达了各县级以上行政区2016—2030年用水总量控制指标,完成了区域水权确权。农业取水户以灌区为确权单元,以灌区输水损失量为节水对象,以保障农作物用水为目标,基于灌溉定额和作物面积、灌区渠系水利用系数等,明确了灌区取水权,针对实施节水改造的灌区,重新核定取水量并换发取水许可证。非农取水户主要包括纳入取水许可管理的工业企业等取水户。其中,已发证取水户在依据实际用水量和行业用水定额进行用水合理性分析基础上,核减不合理许可水量,并确认取用水户的取水权;新改扩建工程需通过水资源论证,合理确定取用水量并发放取水许可证,以许可水量为依据确认取水权。

(3) 安徽

安徽省以六安市、黄山市、宣城市为试点,开展了区域(流域)水权确权登记工作。以生活、工业、农业三类行业为对象,以最严格水资源管理制度确定的区域用水总量控制指标及江河水量分配方案为约束,明确区域用水权,以行业分配的用水指标为依据,考虑合理的生态用水及政府预留水权,在此基础上制定各行业水量分配方案,确定生活、工业、农业分配水量,并将其作为用水户用水权确权的边界控制条件(郭晖等,2022)。

①生活水权确权

生活水权确权对象为自来水厂和农村集中供水工程,具体分为已经取得取水许可证和未取得取水许可证两种情况。其中,已取得取水许可证的自来水厂或农村集中供水工程,按照取水许可证载明的取水量进行确权;未取得取水许可证的,需开展水资源论证并按规定程序补办取水许可证后,按取水许可证载明的取水量进行确权。

②工业水权确权

工业水权确权对象为纳入取水许可管理的工业企业,根据是否已经取得取水许可证或者是否按照取水许可证载明的取水量取水,分别进行确权。其中,已取得取水许可证且按照载明的取水量取水的企业,按照取水许可证载明的取水量进行确权;未按取水许可证取水的企业,分析其近三至五年的实际取水量、单位产品用水量、水平衡测试报告等,重新核定取水量,并根据核定后的取水量重新办理取水许可证,按照新证许可水量进行确权;对于未取得取水许可证或取水许可证已过期的企业,开展水资源论证并按规定程序办理取水许可证后,按照载明的许可水量进行确权。

③农业水权确权

农业水权确权对象为灌区管理机构直接供水对象,根据灌区灌溉规模、计量监控设施条件,确权至灌区供水范围内的县级行政区、乡镇、农民用水合作组织、用水大户或农户,且确权对象不重叠,避免"大权套小权"现象。具体根据灌区是否跨县级行政区,分别进行确权。其中,对跨县级行政区的灌区,需先制定县级行政区水量分配方案,明确灌区在各县域内的农业可分配水量,结合县域内农田灌溉面积和作物定额计算的灌溉需水量进行农业水权确权;对于县域内的灌区,将区域可供水量扣除生活、生态、工业用水量后确定灌区农业可分配水量,并依据灌溉定额与实际灌溉面积进行农业水权确权。

3.2.2 国外相关案例

3.2.2.1 美国加利福尼亚州水道工程水权分配

加利福尼亚州(以下简称加州)水道工程是美国重要的跨流域水资源配置工程,于1957年开始建设,1973年通水,可供水量52亿 m^3。工程建成后,不仅有效解决了加州南部的城市生活和工业用水问题,还在农业灌溉、水力发电、防洪、抵御河口海水入侵、改善生态环境和发展旅游等方面发挥了巨大的经济效益和社会效益。20世纪90年代以来,随着配套工程完善、工程逐步达到设计输水能力,受水区用水需求持续增加,用水竞争加剧。为解决水资源供需矛盾,实现水资源的高效配置和利用,州政府在受水区用水户间、受水区和水源区间、受水区与州政府间探索开展了形式多样的水权交易,积累了丰富的水权配置与交易等方面的做法和经验。

初始水权分配是水权制度建设的重要内容,也是水权交易的重要基础和前提。加州水道工程的水权分为初始水权和年度水量,其中年度水量在具体执行过程中又衍生出结转权益水量和可中断水源等水权类型,这些不同类型水权的确权和分配共同构成了加州水道工程的水权分配制度(刘方亮等,2021)。

(1)初始水权分配

加州水资源局首先通过谈判从调出区高级水权持有者手里取得加州水道工程水量的初级水权,再与南部受水区29个地方用水户联合会(也称协议方)签订长期用水协议与合同,确定其初始水权,即年度权益。根据协议,协议方只拥有水的使用权,不拥有水的所有权。协议方通过水费偿还三角洲工程及输水工程全部建设投资、利息、运行维护费用等。水费分为基础水费与计量水费。其中,基础水费主要用于偿还基础设施投资、利息以及最小运行维护费用等,根据各协议方年度权益、最大设计引水流量、引水距离等因素分摊,与实际用水量无关,协议方每年无论是否用水均需缴纳;计量水费主要用于补偿运行维护,协议方按照每年实际用水量缴纳。

(2) 年度水量分配

年度水量是协议方每年实际能够获得的水量,与协议方的初始水权占比以及当年的来水总量相关。协议方每年将用水计划上报加州水资源局,加州水资源局根据预测的下一年度来水量确定可供水量,并根据可供水量及初始水权占比对各协议方的用水计划进行平衡和增减。当年可供给水量低于协议方所需水量之和时,按用水户初始水权占比分配水量,但要优先满足生活、消防的最低保障用水量;当某个协议方当年按比例分配的年度水量超过其需水量时,多出部分则按比例分配给其他协议方,以避免水资源的浪费。

(3) 结转权益水量与可中断水源的结转与支付

结转权益水量(Carry-over Entitlement Water)是已列入协议方当年 10—12 月供水计划,但因供水设施运行中断、下一级用水户用水延迟以及年度地下水储存延迟等原因而未使用的用水权益。当确定年度遗留水量的结转不会对工程运行产生不利影响后,加州水资源局将在下一年度的 1—3 月交付这部分水量。如果协议方放弃年度遗留水量,则该水量成为本年度工程可供水量的一部分。

可中断水源(Interruptible Water)是加州水道工程提供的可供水量中,超过年度供水计划的部分,协议方需单独向加州水资源局申请并签订合同。当年分配给协议方的可中断水源,可以超过其年度权益,但不能影响其他协议方年度权益、水量交付和工程运行,也不能结转到下一年交付。

3.2.2.2 澳大利亚维多利亚州水权分配

维多利亚州位于澳大利亚东南部的墨累-达令河流域,面积仅占全国总面积的 3%,是澳大利亚水权登记和水权交易制度建立最早的一个州,州内农牧业发达,水权交易非常活跃。

维多利亚州将水资源作为自然资源资产实行分类管理,赋予了其物权性、稳定性、流转性和资本性等产权属性(池京云等,2016)。完成水权分配、明晰水权归属是利用市场机制优化配置水资源的重要前提。维多利亚州水权分配分为三个阶段:核定生态水权,确定批量水权,确权发证。

(1) 核定生态水权

由墨累-达令流域管理局按照《墨累-达令流域规划》评估确定流域内各州生态用水量,维多利亚州政府将生态水权赋予"维多利亚州环境水权持有者"(VEWH),由该机构行使环境水权的权利。

(2) 确定批量水权

扣除生态用水量后的水量为州内可利用水量。根据维多利亚州 1989 年《水法》，州政府将批量水权分配给各供水公司，进行农业灌溉、工业生产、居民生活等方面的水权分配。

(3) 确权发证

持有批量水权的供水公司将水权分配给辖区内用水户，由水管部门向用水户颁发取用水许可证，授予用水户从河道、地下含水层或者供水工程中直接取用水的权利。

3.2.2.3 智利水权分配

智利 1981 年《水法》规定，水是公共使用的国家资源，所有权归国家所有。国家负责初始水使用权的分配，个人或者组织可以根据法律申请地表水和地下水使用权。智利水资源使用权可以分为永久性水权和暂时性水权，也可以分为消耗型水权和非消耗型水权，其中永久性的消耗型水权按照用水量划分（封宁等，2016）。对于暂时性水权，只有在所有永久性水权得到满足后才能使用；当水资源不能满足所有永久性水权拥有者的水权需求时，国家会将可利用的水资源按比例进行配置。对于所有需要用水的个体用水户来讲，初始水资源使用权都可以免费获取，不需要交纳水权费，且不限量，可以永久持有。同时规定，当有两个以上用水户对同一种水提出申请，而且没有足够的水来同时满足他们的用水需求时，水权就采取拍卖的方式进行分配。新的和未分配的水权也将通过拍卖的方式向公众出售。

智利这种无节制地分配初始水使用权的做法，很快就引发了一些问题，如水权囤积、投机问题等。针对上述问题，智利于 2005 年再次对《水法》实施了修订。修订后的新水法针对社会公平和环境可持续发展等问题，增加了相关条款，主要包括：①在需要保护公共权益时，授权总统阻止水资源经济竞争行为；②授权水利总局在审批新水权时考虑环境因素，特别是在确定生态水流和保证含水层的可持续管理方面；③对未使用水权收取特许费，限制水权申请实际使用范围，禁止水权囤积和投机行为。

在初始水权分配方面，智利通过修订《水法》明确了用水权按照比例分配的水权体系，即用水权按照不同来水年河流流量或水量的比例进行分配：枯水年份时，用水权按照河流或渠道流量同比例缩减，按比例计量，以保证每个水权拥有者都可以得到一定数额的水量。在用水权分配上，考虑用水户的现状用水情况。个人在申请获取用水权时，需要以现状用水为前提，管理部门在进行审批时也会要求申请者提供现状用水情况证明材料。

3.2.3 相关经验借鉴

3.2.3.1 重视用水权法律法规体系建设

以美国加州水道工程水权分配为例，加州政府通过完善法规政策，对加州水道工程水权分配和水权交易各环节进行了详细规定，包括水量分配、供水优先权、交易资格审查、交易平台、交易流程、监督管理、交易价格、水质要求、生态环境保护等，有力地保障了工程运行安全，提升了水资源配置和利用效率。

澳大利亚维多利亚州1989年《水法》对州内的水权分配、交易、调整等做了详细规定，各种事项的申请与操作规则都能从维多利亚州《水法》中找到依据。该《水法》是州内开展水资源管理及水权交易的法律基础，州立法部门会根据实际需要及时修订州《水法》。联邦政府2007年《水法》要求流域管理机构编制流域水资源管理规划，对流域内水资源实行统一管理，并对水权及水权交易做出原则性规定，旨在降低州际水权交易壁垒。

智利也通过立法的形式对初始水权分配方式进行了规定。在初始水权分配中，重视公平性，根据比例水权的特性，无论是丰水年还是枯水年，所有水权拥有者都可以拥有一定份额的水量。比例水权体系较之其他水权体系更灵活，采用比例水权体系的水权市场也更容易操作，在水资源短缺的情况下更公平。智利的比例水权体系在促进水市场发育和公平分配水资源方面发挥了重要作用。

3.2.3.2 实施用水权登记制度

以澳大利亚维多利亚州为例，其1989年《水法》要求公告体系内用水户获得水权后在州水务登记处登记，且水权交易需在登记处备案后方可生效。登记内容包含水权及持有人的基本信息、水权交易明细及关联土地信息等，形成了一套类似不动产的登记制度。每年用水计划启动前，登记机构都会根据实际用水或者交易情况对证书内容进行更新。为了降低交易成本，提高交易效率，维多利亚州在完成水权拆分的区域为用水户开设水量分配账户，将水权份额、用水证等与对应账户关联。水量账户的设立不仅便于用水户对年度取用水量、水权交易、剩余水量等信息进行查询，而且有助于水务登记处对州内水权流转、使用情况进行宏观分析。

智利《水法》明确规定实施用水权初始分配登记制度。首先，拟用水者提出申请，必须出具可用水资源证明，由水利总局授予水权。新授予的水权不得影响已存在的第三方权利。水利总局的授权须经国家审计总署审查,从依法批准之日起生效。水利总局授予水权的决议以及国家审计总署正式批准,必须以官方记录文件的方式,在不动产管理局的水权登记处登记。只有经过登记,决议文件的单个或多个持有人(决议被签发对象的代表)方可获得相应水权。不过这项登记不一定由水权申请人自行登记。水权人提出水权申请时,在地籍册上写明,其同意水利总局代其在不动产管理局的水权登记处就水权以及水利总局授予的全部水使用权的信息进行登记。

3.3 水资源刚性约束下用水权初始分配方法

3.3.1 用水权初始分配与确权总体思路

3.3.1.1 用水权初始分配与确权制度与已有相关制度的差异

本书所指用水权初始分配与确权,与2016年11月水利部和原国土资源部印发的《水流产权确权试点方案》中水流产权"确权登记",以及2016年12月原国土资源部印发的《自然资源统一确权登记办法(试行)》中的水流产权"统一确权登记"既有联系又有区别。

(1)内涵不同

水流是广义概念,是指包括水域、岸线等水生态空间,即江河湖泊中的淡水资源以及承载淡水水体的固体边界(河道、湖盆、岸线等)。因此水流产权包含水权及水域、岸线等水生态空间权属。水权则包括水资源所有权、取水权和用水权等,由于水资源所有权属于国家和全民所有,无需确权;结合取水权、用水权之间的关系分析,本书的水权确权特指用水权确权。

(2)权属构成不同

《自然资源统一确权登记办法(试行)》特指对水流等自然资源的所有权进行确权登记,不包括用水权;水流产权确权登记包含水域、岸线等水生态空间确权和水资源使用权确权登记;本书所指水权确权指用水权确权,与水流产权中水资源使用权确权登记相比,区分所有权和用水权。

由于水资源作为自然资源资产具有流动性、多功能性、外部性等特征,难以适用不动产登记的方式和方法进行确权登记,而《水法》设立的取水许可制度,虽然具有一定的确权登记功能,但由于该制度仅针对直接从江河湖泊和地下取用水资源的单位和个人,不能涵盖所有取用水户,如公共供水管网覆盖范围内"只用不取"的用水户。因此,《关于推进用水权改革的指导意见》明确要求加快推进区域水权分配,明晰取用水户的取水权,明晰灌溉用水户水权,探索明晰公共供水管网用户的用水权,并提出通过发放权属凭证、下达用水指标等方式,明晰水权。这在一定程度上弥补了水流产权确权登记制度的不足。

(3) 确权目的及侧重点不同

自然资源统一确权登记目的是更好地保护水生态空间,更好地维护权利人合法权益;侧重登记范围确定、登记单元划定、登记程序和登簿记载、平台建设等确权登记制度、技术和工作环节,重点是开展实质性的确权登记,形成登记簿记载成果。水流产权确权登记目的是促进水资源节约和高效利用,强调水资源行政管理,侧重划定河湖管理范围及水域、岸线等生态空间范围,明确地理坐标,设立界桩、标示牌,并向社会公布。水权确权目的是优化配置水资源,提高水资源的利用效率和效益,主要考虑水资源作为自然资源资产的特殊性,侧重研究确定取水权人或用水权人非完全占有、使用、收益、有限处分的水资源份额,以及水资源作为准用益物权的登记途径和方式,从而为探索水权市场交易等奠定基础,确权主要成果是各权利主体依法获取的水权。

3.3.1.2 已有初始水权分配方法概述

目前水权确权方法主要有两种,即基于分配原则的确权方法和基于水资源配置模型的确权方法(王浩等,2016)。其中,基于分配原则的确权方法是在尊重已有取水许可制度和最严格水资源管理制度形成的省级、地市级和县级行政区用水总量控制指标基础上,构建以法律和制度为中心的水权确权模式,并按照"流域→省级行政区→地级行政区→县级行政区→用水户"等层次分层推进,结合确权主体的取用水需求和设计保证率,进一步将取用水指标分配到具体的取用水户,并在供需平衡分析后,最终确定各确权主体的水权。该方法以流域或上一级区域用水总量控制指标为水量分配的上限,将本区域不同水源的取用水权分配给各行业及取用水主体,在确权过程中,采用先进定额和满足行业准入要求的用水效率指标计算确权水量,从而体现水资源刚性约束和用水效率要求,计算过程清晰,各指标物理意义明确,在实践中应用较多。

基于水资源配置模型的水权分配方法,也称多目标综合配置方法,是在综合考虑确权水量分配影响因素基础上,建立水权确权指标体系,构建确权水量分配的目标函数与优化配置模型,基于模型对流域(区域)用水权进行分配。目前,国内外围绕流域或区域尺度水资源配置,开发了 WaterWare、RiverWare、MikeBasin、Weap、Aquaveo(GMS、WMS、SMS)、IQQM 系列等代表性配置模型。我国在

21世纪初期开始注重水量水质联合配置,研发了GWAS、ROWAS等代表性模型。随着计算机技术的发展,系统仿真理论、供应链管理理论、多目标线性规划、基于多智能体(ABM)建模的多目标配置理论和技术得到迅速发展和广泛应用,并且学界开始注重将博弈论等理论与水资源优化配置模型耦合,并进行多目标优化配置,确定流域或区域水权。

基于水资源配置模型的水权分配方法,采用优化算法将水资源在区域和各行业间进行分配,根据设置的确权目标,可以实现水资源配置效益最大化等特定最优目标,但随着确权单元的数量增加,优化配置模型的复杂度和求解难度迅速提高。因此,该方法一般应用于确权主体数量不多的区域宏观水资源配置和确权实践中,其区域水权确权成果可为用水户水权确权提供边界条件。

3.3.1.3 水资源刚性约束下初始用水权分配总体思路

国内关于初始水权的研究始于21世纪初,尽管不同学者对初始水权的理解存在差异,但大多数学者认为初始水权分配实际指用水权的初次分配,其概念包含法律和应用两个层面。其中,法律层面是指在法律上首次界定的用水权或水资源使用权;应用层面指以一定量的水资源为分配客体,按照一定的分配原则、模式、方法初次界定区域(部门、用户)一定份额的水量。

通过水资源多重权属及其关系、水资源刚性约束理论研究,本书进一步明确了分配的对象是用水权,在此基础上,提出水资源刚性约束下初始用水权分配的内涵:①法律层面,用水权属于一类特殊的财产权,用水权初始分配实际是依据相关法律法规和规则对用水权这一特殊资产进行初次分配。②应用层面,一定份额的水资源是用水权的载体,用水权的初始分配实际依据相关分配原则、方法对一定份额的水资源进行初次配置。③分配的客体是区域可用水量,包含当地地表水、地下水、过境水、跨区域调水、非常规水等多种水源类型。④分配原则:在遵循"生态优先"原则的同时,按照分层需水原则进行分配。其中,刚性需水层主要考虑区域、用户间的用水公平性,将缺水量分摊到各用水主体;弹性需水层主要考虑边际效益,优先分配给用水效益高的用水主体。⑤分配模式:按照两层次优化分配的模式进行。第一层是指省级行政区的初始用水权按照"四水四定"的思路,向地级、县级行政区逐级分配,明确县级行政区的分水源、分用户用水权;第二层是指以各县级行政区的用水权指标为约束,以农业、工业、规模化畜禽养殖企业等用水部门为对象,根据监测计量情况确定最适宜确权单元,按照先进用水定额等统一标准,将用水权指标分配给行业和用水户。⑥分配方法:结合基于优化方法的分配模型与基于指标体系的分配方法的优点,在第一层分配过程中,采用基于优化方法的分配模型进行分配,体现"四水四定"要求;第二层分配过程中,采用基于指标体系的分配方法,采用先进定额对用水户的用水总量进行控制,体现刚性约束要求。

3.3.2 区域初始用水权分配理论方法研究

3.3.2.1 区域可用水量及其计算方法

可用水量与水资源可利用量概念不同。水资源可利用量是指在可预见的时期内,统筹考虑生活、生产和生态环境用水的基础上,通过经济合理、技术可行的措施,在流域水资源总量中可供一次性利用的最大水量(不包括回归水重复利用量),是从资源的角度分析可能被消耗利用的水资源量。可用水量是在一定的经济技术条件下,以行政区域为计算单元,以维持河湖生态健康为前提,考虑区域水资源条件、工程供水能力、准入要求及用水总量管控指标,在不同来水条件和不同水平年可供区域利用的水量。

按照供水水源类型可将水源划分为本地地表水、地下水、外调水和非常规水等,可采用式(3-1)进行计算:

$$W_a = W_{sa} + W_{uga} + W_{ta} + W_{una} \tag{3-1}$$

式中:W_a 为总可用水量,亿 m^3;W_{sa} 为地表水可用水量,亿 m^3;W_{uga} 为地下水可用水量,亿 m^3;W_{ta} 为跨流域调水水量,亿 m^3;W_{una} 为非常规水可用水量,亿 m^3。

(1) 地表水可用水量

地表水可用水量包括本地水可用水量以及过境水可用水量两部分。在计算地表水可用水量时,应充分考虑地表水与地下水相互转换关系,扣除山丘区地下水开采对本地地表水的袭夺量,计入本地地表水可用水量。

$$W_{sa} = W_{sal} + W_{sat} \tag{3-2}$$

式中:W_{sal} 为本地地表水可用水量,主要为当地降雨形成的地表径流并由供水工程提供的水量,亿 m^3;W_{sat} 为过境水可用水量,主要为外区域入境河流通过水利工程可提供的水量,亿 m^3。

①本地地表水可用水量

对于本地地表水可用水量,要优先满足河湖湿地生态需水,综合考虑供用水现状及未来规划情景,采用长系列数据进行计算,得出不同水平年、不同保证率条件下的本地地表水可用水量。在计算过程中,应根据区域特点及水资源禀赋条件,采用适宜的方法进行计算,如在水资源紧缺及生态环境脆弱地区,应优先满足河道内最小生态环境需水并在计算时予以扣除;在水资源丰沛地区,其上游及支流重点考虑经济技术条件确定的供水能力,下游及干流重点考虑满足最小生态环境要求的河道内生态需水。本地地表水可用水量可按照下式计算:

$$W_{sal} = W_s - W_e - W_f \tag{3-3}$$

式中:W_s 为本地地表水资源量,指河流、湖泊等地表水体中由当地降水形成的、可以逐年更新的动态水量,用天然河川径流量表示,亿 m³。W_e 为河道内生态环境需水量,主要包括维持河道基本功能的需水量(包括防止河道断流、保持水体一定的自净能力、河道冲沙输沙以及维持河湖水生生物生存的水量等)和通河湖泊湿地需水量(包括湖泊、沼泽地需水),亿 m³。W_f 为洪水弃水量,主要包括超出工程最大调蓄能力和供水能力的洪水量、在可预见时期内受工程经济技术性影响不可能被利用的水量以及在可预见的时期内超出最大用水需求的水量等。

②过境水可用水量

过境水可用水量通常依据江河水量分配方案确定的分配水量、最严格水资源管理制度明确的用水总量控制指标等,在保证河道内生态需水前提下,综合考虑当地取用水工程情况及规模,并进行统计计算,具体见式(3-4):

$$W_{sat} = W_{saa} \tag{3-4}$$

式中:W_{saa} 为区域过境分配水量。自 2011 年以来,水利部先后启动了 95 条跨省江河流域水量分配工作,截至 2022 年已批复 65 条,各省(区、市)也陆续启动省(区、市)内跨市江河水量分配工作,已累计批复 343 条,为过境可用水量计算奠定了良好的基础。

(2) 地下水可用水量

地下水可用水量应根据《全国地下水利用与保护规划》确定的区域地下水可开采量与地下水管控指标确定的地下水开采量指标计算,取二者之中较小值作为区域地下水可用水量。即:

$$W_{uga} = \min\{W_{ugt}, W_{ugm}\} \tag{3-5}$$

式中:W_{ugt} 为地下水可开采量,W_{ugm} 为区域地下水管控指标。现状深层地下水开采量及平原区浅层地下水超采量应考虑退减;对于近年地下水开采增长较大,造成了河川基流减少等生态环境问题的山丘区,也应压减地下水开采量。

(3) 外调水可用水量

外调水可用水量通常取决于两个方面,即跨区域(流域)调水工程分配的水量和外调水取水能力。其中外调水取水能力主要取决于调水配套建设情况,具体采用下式计算:

$$W_{ta} = \min\{W_{tm}, W_{tc}\} \tag{3-6}$$

式中: W_{tm} 为区域外调水配额, W_{tc} 为区域外调水取水能力。计算过程中需梳理各地区已建、在建引调水工程规模水量分配成果,根据工程批复规模,以及工程配套实施条件等具体情况,核算各地区跨流域调入水量。

(4) 非常规水可用水量

非常规水可用水量是指纳入区域水资源统一配置的集蓄雨水、微咸水、再生水、矿井水、淡化海水等。区域非常规水可用水量按照下式计算:

$$W_{una} = W_{pr} + W_{sw} + W_{re} + W_{mw} \tag{3-7}$$

式中: W_{pr}、W_{sw}、W_{re}、W_{mw} 分别为区域集蓄雨水、微咸水、再生水、矿井水利用量。其中,再生水利用量可根据区域再生水利用率及废污水集中收集处理量计算;其他非常规水利用率可采用统计法获取。

3.3.2.2 分层需水计算方法

马斯洛将人的需求由低到高划分为生理需求、安全需求、社交需求、尊重需求和自我实现需求五个层次;与之类似,经济社会中生产、生活、生态等不同行业对水资源的需求也可根据需求程度划分层次。首先要满足人类基本生存需水和基本生态需水,然后再满足生产发展需水等更高层次的发展需水。特别是在水资源短缺地区,并非所有水资源需求都能得到满足,需要进行分层配置、分类管控。

基于马斯洛需求层次理论,参考武见等(2020)关于黄河流域分层需水计算方法,本书提出了包括刚性、弹性需水的双层需水预测方法,并对不同用水户进行层次划分。本书将维持基本生存的生活用水、农业用水、河湖基本生态需水、企业开工生产所需要的水量作为刚性需水,配置时主要考虑公平原则;将维持生活奢侈需求、高耗水产业、农业与生态等用水需求作为弹性需水,配置时主要考虑效率原则。

(1) 生活需水

生活用水需求包括城镇居民生活、农村居民生活、第三产业等用水。本书按照维持人的基本生存、优质生活和奢侈生活三个层次将生活用水需求划分为刚性需水、弹性需水和奢侈需水;第三产业用水以生活用水为主,参考生活用水需求进行划分。区域生活需水量可根据用水定额进行计算,计算公式为:

$$W_l = N \times W_D \times 0.365 \quad (3-8)$$

式中:W_l 代表生活需水量,m³;N 代表人口数量,人;W_D 代表生活用水定额,L/(人·d)。

(2) 农业需水

农业用水需求包括农田灌溉用水和林牧渔业和畜禽养殖业用水。区域尺度上,农田灌溉用水占比大,是农业用水的主要组成部分,因此一般按照农田灌溉需水进行分层,其中刚性需求定义为满足基本口粮的需水量,弹性需求为满足粮食消费自足的需水量,奢侈需求为外销的粮食对应的需水量。对于某一区域而言,粮食需求总量取决于人口数量、人均粮食消费水平以及粮食自给程度,而粮食总产量与农田有效灌溉面积、复种指数、粮经比、单位面积产量等因素关系密切。从粮食安全的角度分析,在确保区域粮食总产量前提下,根据农田有效灌溉面积及单位面积产量,确定最小保有灌溉面积,根据灌溉用水定额确定最小保有灌溉需水量。通过上述指标计算得到不同用水标准下的农业分层需水量。方法如下:

$$W_i = Q_i \times \frac{N \times A \times \varphi}{C \times \theta \times \omega} \quad (3-9)$$

式中:W_i 为农业需水量,m³;N 表示人口数量,人;A 表示区域人均粮食需求量,kg/人;φ 为区域粮食自给率,%;C 为单位面积耕地粮食产量,kg/ha;θ 为粮食作物种植比例;ω 为耕地复种指数;Q_i 表示灌溉毛需水定额,m³/ha。

(3) 工业用水需求

将一般工业和建筑业用水需求划分为刚性需求,高耗水工业用水需求划分为弹性需求,采用趋势法预测。一般工业和建筑业需水计算公式为:

$$Q_{t_2} = Q_{t_1} \times (1 - r_{t_2})^{t_2 - t_1} \quad (3-10)$$

式中:Q_{t_2}、Q_{t_1} 分别为第 t_2 和第 t_1 水平年的用水定额;r_{t_2} 为第 t_1 至 t_2 水平年取水定额年均递减率,%,其值可根据变化趋势分析后拟定。

(4) 生态需水

河道外生态需水中,刚性需水主要指区域城镇绿化、道路浇洒、湖泊湿地生态补水等。

①城镇绿化、生态灌溉需水量

城镇绿化、生态灌溉需水量采用定额法计算，即：

$$W_C = A_C \times Q_C \tag{3-11}$$

式中：W_C 代表城镇绿化、生态灌溉需水量，m³；A_C 代表城镇绿化、生态灌溉面积，ha；Q_C 代表城镇绿化、生态灌溉用水定额，m³/ha。

②湖泊湿地生态补水量

其计算方法如下：

$$W_a = A_o \times \frac{E-P}{10} + S - Q_i \tag{3-12}$$

式中：W_a 代表湖泊湿地生态补水量，m³；A_o 代表补充水量对应面积，ha；E 为水面蒸发量，mm；P 为降水量 mm；S 为渗漏量，m³；Q_i 为流入径流量，m³。

3.3.2.3 面向"四水四定"的区域初始水权分配方法

1)"四水四定"表征指标

"四水四定"核心是把水资源作为最大的刚性约束，分析城市、土地、人口、产业与水资源系统的互馈作用，在此基础上合理规划灌溉规模和种植结构，人口规模和城市布局，产业规模、结构和发展布局。本节在 3.1.6 节"四水四定"约束指标体系分析基础上，分析确定区域初始水权分配指标。

①以水定城指标

人是城市构成的核心要素，第三产业在国民经济中占有重要地位。我国 2021 年 GDP 总量为 114.37 万亿元，其中第三产业增加值为 60.97 万亿元，增加值比重为 53.3%；城镇就业人数达到 4.68 亿人，其中第三产业从业人员占比达到 48%。人口聚集是城市发展和规模扩张的主要驱动力之一，而第三产业不仅是城镇人口就业的最大"容纳器"，也是吸引人口聚集的重要载体。本书以人均城镇建设用地面积、人均服务业增加值预期目标为控制性指标，分析测算规划水平年城镇建设用地规模和服务业增加值规模，即城镇发展规模。

②以水定地指标

农业是国民经济的重要组成部分。农田灌溉是用水大户，在经济总量中占比低、单方水产出效益低，但关系粮食安全、农村就业和社会稳定，必须保障满足粮食安全的刚性用水需求。农田灌溉用水是农业用水的最重要组成部分，农田灌溉水有效利用系数、农田灌溉亩均用水量、高效节灌率是区域农业用水效率的重要表征指标，农田灌溉面积是区域农业用水量的决定性指标。应按照各类用水户用水优先级,优先保障生活用水,合理保证工业用水,科学调整生态用水,合理确定农田灌溉发展规模,严格控制灌区无序扩张。本书在区域用水总量控制指标约束下,扣除生活用水、工业用水、生态用水和预留水量后,确定农业可分配水量;优先配置林牧渔业后,按照区域种植结构、灌溉面积和灌溉定额,考虑农业节水灌溉措施,平衡测算2025年农业用水约束下的农田灌溉规模。

③以水定人指标

"城""地""人""产"中,人是经济社会发展的第一要素。人均GDP是衡量地区经济发展状况的指标,是衡量区域人民生活水平的标准,是最重要的宏观经济指标,也是我国国民经济和社会发展规划的主要控制指标之一;万元GDP用水量是表征地区综合用水效率的重要指标。本书在江河流域水量分配方案或最严格水资源管理制度确定的区域用水总量控制指标约束下,结合相关规划确定的区域人均GDP和万元GDP用水量目标,分析测算2025年水资源可承载的GDP总量,综合考虑规划水平年人均GDP预期目标,如我国全面建成小康社会对应的人均GDP为1.2万美元,据此,可分析测算水资源可承载的总人口规模区间。

④以水定产指标

工业产业包括采矿业、制造业、电力、热力、燃气及水生产和供应业等,是国民经济的重要组成部分。工业增加值和万元工业增加值用水量是国民经济和工业用水效率的两个重要表征指标。本书在区域工业用水总量控制指标约束下,结合相关规划确定的区域万元工业增加值用水量和工业增加值增长率目标,分析2025年工业用水约束下的工业用水效率和工业增加值之间的关系,测算不同工业用水效率下可承载的工业发展规模。

2) 分配准则

按照保障刚性用水需求、尽可能满足弹性用水需求的原则进行水量优化配置,具体分刚性需水层和弹性需水层两个层次分别进行配置,按照前述区域可用水量和分层需水计算方法分别计算供给侧可用水量和需求侧刚性、弹性需水量;配置过程中,满足刚性需水层用水需求后的富余水量,以提高综合利用效益为目标在农业、工业和第三产业之间进行优化配置。

3) 多目标优化配置模型构建

公平与效益是水资源配置中相互排斥的两个主要目标。效益优先的配置原则下,水资源被优先分配给单方水价值高的用户,经济价值高的工业用水优先得到保障,缺水多发生在农业、生态等领域。公平优先的配水原则下,通常按照各类用水户缺水率一致或相近的原则,将缺水量平均分配给各类用水户,即各类用水户均发生程度相近的缺水。由于不同类型用水户承受缺水的能力差异较大,因而缺水的影响也存在较大差别,通常情况下,农业缺水承受能力大于生活和工业。因此,农业供水保证率一般都在75%左右,工业、生活等供水保障率多为95%~97%。

(1) 目标函数

按照本书确定的水资源配置原则,考虑资源、环境、生态综合承载力与经济社会发展相协调的均衡配置,选择社会、经济、环境作为三个目标函数,表达式为:

$$f=\{\min f_1(x),\max f_2(x),\min f_3(x)\} \quad (3-13)$$

式中:$f_1(x)$、$f_2(x)$、$f_3(x)$分别是社会效益、经济效益和环境效益对应的目标函数。根据类型划分,供水水源分别包括本地地表水、分配水、地下水和非常规水,用$i=1,2,3,4$表示;受水区为研究区所涵盖的划分区域,用$k=1,2,3,\cdots,K$表示;用水部门分为农业、工业、生活和生态,用$j=1,2,3,4$表示。各目标函数具体如下:

① 社会目标

考虑到社会效益难以量化比较,而缺水程度对社会发展及稳定影响较大,故以区域缺水程度最小作为社会目标,即:

$$\min f_1(x)=\min\left\{\sum_{k=1}^{K}\sum_{j=1}^{4}\left[D_j^k-\sum_{i=1}^{4}X_{i,j}^k\right]\right\} \quad (3-14)$$

式中:D_j^k为k区域j用户的需水量,亿m^3;$X_{i,j}^k$表示k区域i水源供给给j用户的水量,亿m^3。

② 经济目标

以用户用水经济效益最高为经济目标,即:

$$\max f_2(x)=\max\left\{\sum_{k=1}^{K}\sum_{i=1}^{4}\sum_{j=1}^{4}\left[X_{i,j}^k(b_{i,j}^k-c_{i,j}^k)\alpha_{i,j}^k\gamma_k\right]\right\} \quad (3-15)$$

式中:$b_{i,j}^k$表示k区域i水源供给j用水户的效益系数;$c_{i,j}^k$表示k区域i水源供给j用水户的成本系数,元/m^3;$\alpha_{i,j}^k$表示k区域i水源供给j用户的供水优先系数;γ^k表示k区域供水次序等级。

③ 生态环境目标

以污水排放中的主要污染物因子化学需氧量(COD)最小作为生态环境目标,即:

$$\min f_3(x)=\min\left\{\sum_{k=1}^{K}\sum_{j=1}^{4}\left[0.01\mu_j^k p_j^k\left(\sum_{i=1}^{4}X_{i,j}^k\right)\right]\right\} \quad (3-16)$$

式中:μ_j^k为k区域j用户的单位污水COD排放浓度,mg/L;p_j^k为k区域j用户的污水排放系数。

(2) 主要约束条件

结合"要把水资源作为最大的刚性约束""以水而定,量水而行"的水资源管理要求,从供水和需水两端进行约束。

①可供水量约束:行政区域内各类型水源供水量不超过其可用水量。即:

$$\begin{cases} \sum_{j=1}^{4} X_{1,j}^{k} \leqslant W_{1}^{k} \\ \sum_{j=1}^{4} X_{2,j}^{k} \leqslant W_{2}^{k} \\ \sum_{j=1}^{4} X_{3,j}^{k} \leqslant W_{3}^{k} \\ \sum_{j=1}^{4} X_{4,j}^{k} \leqslant W_{4}^{k} \end{cases} \qquad (3-17)$$

式中:$X_{1,j}^{k}$、$X_{2,j}^{k}$、$X_{3,j}^{k}$、$X_{4,j}^{k}$分别表示k区域不同水源供给j用户的水量,亿 m³;W_{1}^{k}、W_{2}^{k}、W_{3}^{k}、W_{4}^{k}分别表示本地地表水、分配水、地下水、非常规水的可用水量,亿 m³。

②需水量约束:对于弹性需水,区域内各类型水源为用户提供的水量不得大于需水量预测成果。即:

$$\sum_{i=1}^{4} X_{i,j}^{k} \leqslant D_{j\max}^{k} \qquad (3-18)$$

式中:$D_{j\max}^{k}$表示k区域j用户最大需水量,通过刚性需水与弹性需水之和进行确定,亿 m³。

③非负约束:

$$X_{i,j}^{k} \geqslant 0 \qquad (3-19)$$

4) NSGA-Ⅲ算法与 EWM-TOPSIS 决策方法

(1) NSGA-Ⅲ算法简介

Deb 等在 2013 年提出了 NSGA-Ⅲ算法。区别于 NSGA-Ⅱ算法,NSGA-Ⅲ算法引入了参考点选择策略,通过在目标空间中均匀地分布参考点,使得算法能够更好地探索整个帕累托(Pareto)前沿;而 NSGA-Ⅱ算法没有使用参考点选择策略,只通过非支配排序和拥挤度距离来维护 Pareto 前沿的多样性。总体来说,NSGA-Ⅲ算法相对于 NSGA-Ⅱ算法在参考点选择策略、解集合构建、处理约束条件以及收敛性和多样性方面有所改进,能够更有效地解决多目标优化问题。

(2) 决策方法介绍

目前多目标函数确定权重方式按照形式不同可以划分为主观赋权和客观赋

权,主观赋权体现了决策者的意愿偏好,而客观赋权反映了具体数据对决策的贡献度。根据客观情况并结合水资源刚性约束条件,本书选择熵权法(The Entropy Weight Method,EWM)作为确定目标函数权重的方法。区别于将多目标转化为单目标问题,本书采用优劣解距离法(Technique for Order Preference by Similarity to Ideal Solution,TOPSIS)进行综合决策,该方法主要用来解决有限方案多目标决策问题,是一种运用距离作为评价标准的综合评价法。因此,本书选用 EWM-TOPSIS 综合方法来进行多目标问题决策,即通过 EWM 得到指标熵权,并将其应用到 TOPSIS 中,进行多指标综合决策。该方法主要步骤如下:

①构建原始数据矩阵:构建 n 个可行方案、m 个评价指标的特征矩阵 $X = (x_{i,j})$。其中 $i = 1, 2, \cdots, n; j = 1, 2, \cdots, m$。

②归一化处理:对数据进行正向化处理,按照指标类型,将指标划分为正向指标和负向指标,运用极差法将数据进行趋同化处理。

其中,正向指标指数据越大效果越好:

$$y_{i,j} = \frac{x_{i,j} - \min(x_j)}{\max(x_j) - \min(x_j)} \tag{3-20}$$

逆向指标指数据越小效果越好:

$$y_{i,j} = \frac{\max(x_j) - x_{i,j}}{\max(x_j) - \min(x_j)} \tag{3-21}$$

趋同化处理之后需要对指标进行无量纲化处理,即归一化:

$$p_{i,j} = \frac{y_{i,j}}{\sum_{i=1}^{n} y_{i,j}} \tag{3-22}$$

③计算指标熵值:

$$E_j = -\frac{\sum_{i=1}^{n} p_{i,j} \ln(p_{i,j})}{\ln n} \tag{3-23}$$

④计算熵权:

$$W_j = \frac{1 - E_j}{\sum_{j=1}^{m} E_j} \tag{3-24}$$

⑤运用 TOPSIS 方法,将数据进行归一化处理得到 $c_{i,j}$,并确定各指标的最优解 c_j^+ 和最劣解 c_j^-:

$$c_{i,j} = \frac{x_{i,j}}{\sum_{i=1}^{n} x_{i,j}} \tag{3-25}$$

$$\begin{cases} c_j^+ = \max\{c_{1,j}, c_{2,j}, \cdots, c_{n,j}\} \\ c_j^- = \min\{c_{1,j}, c_{2,j}, \cdots, c_{n,j}\} \end{cases} \tag{3-26}$$

⑥确定各指标数据与最优解 c_j^+ 和最劣解 c_j^- 的欧氏距离：

$$\begin{cases} D_j^+ = \sqrt{\sum_{j=1}^{m}[W_j(c_j^+ - c_{i,j})^2]} \\ D_j^- = \sqrt{\sum_{j=1}^{m}[W_j(c_j^- - c_{i,j})^2]} \end{cases} \tag{3-27}$$

⑦确定贴进度：

$$S_j = \frac{D_j^-}{D_j^- + D_j^+} \tag{3-28}$$

⑧最后，按照相对贴进度的值 S_j 对指标进行排序，S_j 值越接近1，证明与最佳方案越接近，从而得到决策结果。

5) 用水公平性评价指标

本书通过分析计算各配置单元、各用水户的用水满意度，根据基尼系数的概念引入用水满意度的用水基尼系数(王煜等，2020)，通过用水基尼系数构建用水公平性指标，并对各个优化方案进行用水公平性评价，得到效益-公平均衡配置方案。

工业、农业用水效益系数分别以单位工业、农业产值用水量进行计算。生活、生态用水效益系数按照充分保障生活用水、优先生态用水的基本原则进行确定。费用系数参考各地区不同水价标准等因素综合确定。

(1) 用水基尼系数计算

① 用水满意度计算

$$S(P) = \begin{cases} 1 - (1 - S_1)\dfrac{P}{P_1} \cdots\cdots P \leqslant P_1 \\ S_1 \dfrac{1-P}{1-P_1} \cdots\cdots P_1 \leqslant P \leqslant 1 \end{cases} \tag{3-29}$$

式中：$S(P)$ 表示用水满意度；P 表示缺水率；P_1 表示供水量等于刚性需水时的缺水率；S_1 对应 P_1 时的用水满意度。

②配置单元用水满意度计算

将区域各配置单元内不同用水户满意度的均值定义为配置单元用水满意度,反映了区域用水公平性,计算公式如下:

$$U_k = \frac{1}{K} \sum_{j=1}^{J} S(P_{k,j}) \quad (3-30)$$

式中:U_k 表示第 k 个配置单元的用水满意度;J 为区域内用水户的数量;$P_{k,j}$ 表示第 k 个配置单元第 j 种用水户的缺水率。

③用水户用水满意度计算

将区域不同配置单元内同一用水户的用水满意度均值定义为用水户用水满意度,反映了部门用水结构公平性,计算公式如下:

$$D_j = \frac{1}{J} \sum_{k=1}^{K} S(P_{k,j}) \quad (3-31)$$

式中:D_j 表示第 j 种用水户的用水满意度。

④用水基尼系数计算

将 U_k 按照从小到大的顺序重新排列形成新的序列 U_k',计算累积频率 $P_{u,k}$:

$$P_{u,k} = \frac{\sum_{k=1}^{m} U_k'}{\sum_{k=1}^{K} U_k'} \quad (3-32)$$

式中:$0 \leqslant m \leqslant K$,$P_{u,0} = 0$。

基尼系数的求解采用梯形面积法,即把洛伦兹曲线(图 3.4)下方的面积近似当作若干梯形进行计算,计算公式为:

$$G_F = \frac{B}{B+C} = 1 - \frac{1}{K}\left(2\sum_{m=1}^{K-1} P_{u,m} + 1\right) \quad (3-33)$$

式中:G_F 表示配置单元用水满意度的用水基尼系数,取值范围 0~1,取值越大表示水资源在配置单元或行业间的分配越不均衡。

同理,可以求出用水户用水满意度的用水基尼系数 G_D。

(2) 用水公平性指标计算

配置单元用水公平性指标计算公式如下:

$$F_{FU} = 1 - G_F \quad (3-34)$$

同理,可以求出用水户用水公平性指标 F_{FD}。根据配置单元用水公平性指标与用水户用水公平性指标,构建区域用水公平性指标 F_S:

$$F_S = \sqrt{F_{FU} \times F_{FD}} \tag{3-35}$$

通过区域用水公平性指标 F_S 对方案进行公平性评价,选出效益-公平均衡配置方案。

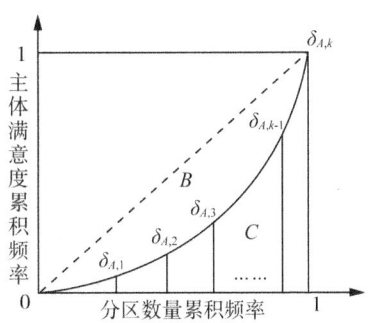

图 3.4　主体满意度累积频率曲线示意图

3.3.3　刚性约束下宁夏用水权初始分配案例

本书以宁夏回族自治区五市一地为配水区域,选取 2021 年为现状年, 2025 年为规划年。取 $k=1,2,3,4,5,6$,分别表示银川市、石嘴山市、吴忠市、固原市、中卫市以及宁东地区;取 $i=1,2,3,4$ 分别表示本地地表水、黄河水、地下水、非常规水;取 $j=1,2,3,4$ 分别表示农业用水、工业用水、生活用水以及生态用水。

3.3.3.1　数据来源

可用水量预测相关数据在参考宁夏第三次水资源调查评价结果、全区年度水量调度方案、《宁夏"十四五"用水权管控指标方案》、《全国地下水利用与保护规划(2016—2030 年)》、《宁夏回族自治区地下水管控指标方案》以及《宁夏回族自治区非常规水源利用规划(2021—2025 年)》等相关资料的基础上,结合各项水利工程规划和实际运行情况确定。

需水量预测相关数据在参考《中共宁夏回族自治区委员会关于制定国民经济和社会发展第十四个五年规划和二〇三五年远景目标的建议》《宁夏以水定地专题研究报告》《宁夏以水定产专题研究报告》《宁夏以水定城定人专题研究报告》等相关规划和报告,以及《宁夏水资源公报》《宁夏统计年鉴》等统计资料基础上,结合《宁夏回族自治区有关行业用水定额(修订)》进行确定。

3.3.3.2 可用水量预测

根据《宁夏"十四五"用水权管控指标方案》，宁夏2025年取水总量控制指标为71.34亿 m^3，其中当地地表水可用水量1.61亿 m^3，黄河水可用水量61.46亿 m^3，地下水可用水量6.27亿 m^3，非常规水源可用水量为2亿 m^3，分区域可用水量见表3.2。

表3.2 宁夏2025年取水控制指标

单元	本地地表水/亿 m^3	黄河水/亿 m^3	地下水/亿 m^3	非常规水/亿 m^3	总计/亿 m^3
银川	0	18.87	2.16	0.7	21.73
石嘴山	0	11.06	1.43	0.32	12.81
吴忠	0.04	16.12	1.02	0.28	17.46
固原	1.53	0.63	0.64	0.1	2.9
中卫	0.04	12.51	1.02	0.18	13.75
宁东	0	2.27	0	0.42	2.69
合计	1.61	61.46	6.27	2	71.34

3.3.3.3 需水量预测

(1) 农业需水量

从粮食安全的角度分析，国际公认的粮食安全线共有三条。根据宁夏在我国粮食安全中的定位，结合《宁夏回族自治区粮食和物资储备发展"十四五"规划》以及各配置单元粮食生产实际情况，本书将维持口粮安全的粮食标准确定为400 kg/a，维持相应标准的粮食产量对应的用水需求为农田灌溉刚性需水。2022年《宁夏统计年鉴》数据显示，2021年银川市人均粮食产量远低于400 kg/a，其余五个区域人均粮食产量高于400 kg/a。分析认为，银川市人口密度较大，区域内粮食无法满足自给，需从其他地市输送。综合考虑未来规划，针对银川市，将人均粮食消费量110 kg/a作为刚性需水约束标准，将人均粮食产量400 kg/a作为弹性需水区间；针对其余五个区域，仍将人均粮食产量400 kg/a作为刚性需水约束标准，将人均粮食产量400 kg/a至各区域实际人均粮食产量对应的用水需求作为农田灌溉弹性需水。根据3.3.2节计算方法，得到各单元需水情况。

(2) 工业需水量

宁夏工业用水主要集中在工业园区，本书将一般工业和建筑业用水作为刚性需水量,将高耗水工业用水作为弹性需水量,对各配置单元工业刚性、弹性需水量进行统计。

(3) 生活需水量

本书在《宁夏回族自治区有关行业用水定额(修订)》基础上,结合未来城市化发展和区内缺水实际,综合确定居民生活用水定额。根据《宁夏水资源配置规划》,规划年全区城镇化率达到66%以上;对于城镇居民生活用水,刚性、弹性用水定额分别为95 L/(人·d)、130 L/(人·d),公共用水定额取刚性97 L/(人·d)、弹性120 L/(人·d);城镇公共供水管网漏损率按照10%计算,水厂损耗率按照5%计算。对于农村居民生活用水,刚性、弹性用水定额分别为60 L/(人·d)、90 L/(人·d)。通过3.3.2节计算公式得到生活需水预测结果。

(4) 生态需水量

生态需水包含城镇环境、生态林灌溉、河湖湿地生态补水、冬灌四部分。城镇环境需水量根据城镇绿地和道路浇洒面积以及定额进行确定;生态林灌溉需水量考虑"十四五"新增规划生态林面积,按照生态林灌溉定额进行计算;河湖湿地生态需水量主要针对自治区境内沙湖、星海湖等重点湖泊23.96万亩,依据水量平衡理论进行计算;冬灌补水量按照《宁夏水资源配置规划》相关成果确定。其中,刚性需水量按照生态林需水、城镇环境需水以及冬灌需水量进行统计,弹性需水量考虑河湖湿地补水。

(5) 总需水量

将各配置单元刚性、弹性需水量分层统计,得到2025年宁夏分层需水预测量,如表3.3所示。

表3.3 宁夏各配置单元2025年分层需水预测表　　　单位:亿 m³

层次	单元	农业	工业	生活	生态	总计
刚性	银川	5.3	0.32	1.85	2.45	9.92
	石嘴山	5.31	0.39	0.62	1.21	7.53
	吴忠	7.17	0.23	0.91	3.69	12
	固原	1.06	0.05	0.71	0.03	1.85
	中卫	7.76	0.21	0.71	1.73	10.41
	宁东	0	0.93	0.04	0.16	1.13
	合计	26.6	2.13	4.84	9.27	42.84

续表

层次	单元	农业	工业	生活	生态	总计
弹性	银川	13.65	0.55	0.58	1	15.78
	石嘴山	3.85	0.65	0.2	0.51	5.21
	吴忠	5.87	0.38	0.31	0.19	6.75
	固原	0.74	0.09	0.25	0	1.08
	中卫	4.36	0.37	0.24	0.43	5.4
	宁东	0	1.58	0.02	0	1.6
	合计	28.47	3.62	1.6	2.13	35.82
合计		55.07	5.75	6.44	11.4	78.66

3.3.3.4 模型参数

(1) 效益系数与费用系数

本书按照优先满足生活生态用水、后满足生产用水的原则进行生活、生态效益系数预测；根据2020—2022年《宁夏统计年鉴》对各地区2025年产值进行预测，结合各用水单元需水量，得到工业、农业用水效益系数；费用系数参考各地区水价标准（表3.4）。

表3.4　2025年效益系数与费用系数　　　　　　　单位：元/m³

系数类型	单元	农业需水	工业需水	生活需水	生态需水
费用系数	银川	1.2	2.6	2.4	2.3
	石嘴山	1.2	4	2.75	2.3
	吴忠	1.2	3.2	2.15	2.1
	固原	1.2	3.8	2.3	2.1
	中卫	1.2	2.6	2.2	2.1
	宁东	—	2.8	2.3	2.1

续表

系数类型	单元	农业需水	工业需水	生活需水	生态需水
效益系数	银川	4	637	650	640
	石嘴山	3	346	350	340
	吴忠	5	633	640	630
	固原	88	804	820	810
	中卫	5	439	450	445
	宁东	—	225	240	230

(2) 供水优先次序和配水优先系数

供水优先等级按照 2021 年宁夏六个地区分区产值占全区总产值比重进行确定；配水优先系数按照各水源为各用水户实际供水比例进行确定（表 3.5）。

表 3.5 供水优先次序和配水优先系数

供水优先次序	单元	配水优先系数			
		本地地表水	黄河水	地下水	非常规水
0.39	银川	0	0.902	0.093	0.005
0.14	石嘴山	0	0.875	0.123	0.002
0.16	吴忠	0	0.937	0.060	0.003
0.09	固原	0.572	0.086	0.291	0.051
0.11	中卫	0.004	0.916	0.075	0.005
0.11	宁东	0	0.911	0.013	0.076

(3) 单位污水 COD 排放浓度和排放系数

本书根据《宁夏"十四五"用水权管控指标方案》，通过各地区用水户用水量和排水量比例确定排放系数；单位污水 COD 浓度采用 COD 排放量浓度监测值。2025 年单位污水 COD 排放浓度和排放系数见表 3.6。

表 3.6 2025 年单位污水 COD 排放浓度和排放系数

单元	排放浓度/(mg·L^{-1})				排放系数			
	农业	工业	生活	生态	农业	工业	生活	生态
银川	397	20	80	0	0.73	0.04	0.09	0.14

续表

单元	排放浓度/(mg·L^{-1})				排放系数			
	农业	工业	生活	生态	农业	工业	生活	生态
石嘴山	632	51	366	0	0.78	0.07	0.06	0.09
吴忠	487	34	116	0	0.80	0.06	0.08	0.06
固原	455	328	87	0	0.79	0.03	0.13	0.05
中卫	391	37	40	0	0.82	0.05	0.06	0.07
宁东	0	11	103	0	0.00	0.95	0.03	0.02

3.3.3.5 初始水权分配结果

(1) 模型求解

本书运用 MATLAB 软件进行编码，选择 NSGA-Ⅲ算法进行多目标优化，设置种群大小为800，最大迭代次数为100万次，将刚性与弹性需水量总和作为各区域需水量上限进行求解。通过运行求解，得到四个配置方案结果(图3.5)。

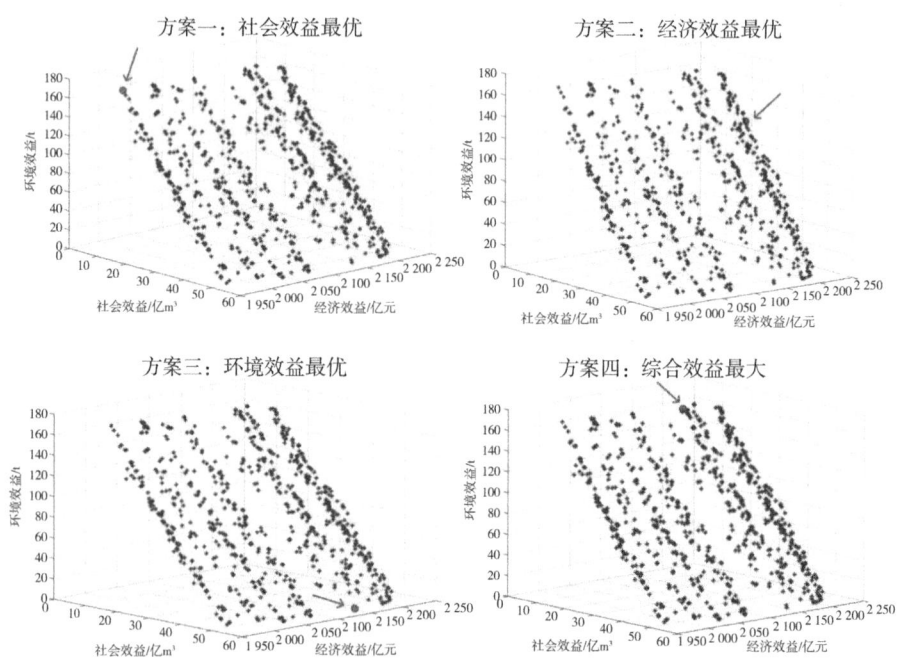

图 3.5 各配置方案 Pareto 解集

(2) 配置方案

方案一表示通过在 Pareto 解集中找到社会效益目标函数 f_1 的最小值，即以全区缺水量最小为最优方案，方案二表示以全区经济效益最高为最优方案，方案三表示以全区污染物排放量最少为最优方案；方案四表示通过 EWM-TOPSIS 决策方法得出的综合效益最优方案。结果如图 3.5 所示。各配置方案中的最优方案由图中大圆点表示。

由图 3.5 可知，方案一全区总缺水量为 9.07×10^8 m³，经济效益为 $1\,995.9 \times 10^8$ 元，污染物排放量为 168.74 t；方案二全区总缺水量为 19.64×10^8 m³，经济效益为 $2\,242.7 \times 10^8$ 元，污染物排放量为 119.62 t；方案三全区总缺水量为 55.36×10^8 m³，经济效益为 $2\,146.5 \times 10^8$ 元，污染物排放量为 1.8 t；方案四全区总缺水量为 10.73×10^8 m³，经济效益为 $2\,182.6 \times 10^8$ 元，污染物排放量为 162.78 t。

(3) 用水公平性评价

用水公平性评价指标旨在通过对注重效益的四种方案进行公平性评价，得到效益与公平的均衡配置方案。结合图 3.5 得到的结果，按照用水公平性指标方法，计算得到方案一的用水公平性指标为 0.95，方案二的用水公平性指标为 0.93，方案三的用水公平性指标为 0.89，方案四的用水公平性指标为 0.98。经分析比较，方案四目标函数值兼顾了社会、经济与环境效益的均衡，同时，该方案的用水公平性指标最大，表明区域内各配置单元、各用水户用水更加公平、协调。因此，选择方案四作为效益-公平均衡配置结果，该方案下各用水户供水量见表 3.7。

表 3.7　2025 年水资源均衡配置方案

地区	水源	农业/亿 m³	工业/亿 m³	生活/亿 m³	生态/亿 m³	合计/亿 m³
银川	本地地表水	0.00	0.00	0.00	0.00	0.00
	黄河水	12.87	0.68	2.08	3.11	18.74
	地下水	1.35	0.16	0.34	0.15	2.00
	非常规水	0.00	0.01	0.00	0.10	0.11
	合计	14.22	0.85	2.42	3.36	20.85

续表

地区	水源	农业/亿 m³	工业/亿 m³	生活/亿 m³	生态/亿 m³	合计/亿 m³
石嘴山	本地地表水	0.00	0.00	0.00	0.00	0.00
	黄河水	8.04	0.73	0.71	1.25	10.73
	地下水	0.00	0.21	0.10	0.43	0.74
	非常规水	0.00	0.04	0.00	0.02	0.06
	合计	8.04	0.98	0.81	1.70	11.53
吴忠	本地地表水	0.00	0.01	0.01	0.01	0.03
	黄河水	10.93	0.48	1.19	3.48	16.08
	地下水	0.17	0.07	0.00	0.17	0.41
	非常规水	0.00	0.03	0.00	0.06	0.09
	合计	11.10	0.59	1.20	3.72	16.61
固原	本地地表水	1.01	0.02	0.46	0.00	1.49
	黄河水	0.26	0.01	0.21	0.02	0.50
	地下水	0.32	0.02	0.28	0.00	0.62
	非常规水	0.00	0.05	0.00	0.01	0.06
	合计	1.59	0.10	0.95	0.03	2.67
中卫	本地地表水	0.00	0.01	0.01	0.00	0.02
	黄河水	9.67	0.36	0.81	1.65	12.49
	地下水	0.31	0.13	0.12	0.40	0.96
	非常规水	0.00	0.04	0.00	0.06	0.10
	合计	9.98	0.54	0.94	2.11	13.57
宁东	本地地表水	0.00	0.00	0.00	0.00	0.00
	黄河水	0.00	2.18	0.00	0.07	2.25
	地下水	0.00	0.00	0.00	0.00	0.00
	非常规水	0.00	0.31	0.03	0.06	0.40
	合计	0.00	2.49	0.03	0.13	2.65

(4) 均衡配置结果分析

从需水侧来看,规划水平年银川、石嘴山、吴忠、固原、中卫以及宁东缺水量分别为 4.83 亿 m³、1.21 亿 m³、2.14 亿 m³、0.26 亿 m³、2.21 亿 m³、0.07 亿 m³;缺水率分别为 18.8%、9.5%、11.4%、8.9%、14%、2.6%,其中银川市和中卫市缺水率较大,应进行规划调整。从用水户来看,农业、工业、生活、生态缺水率分别为 18.4%、3.3%、1.4%、3.1%,农业缺水程度较为严重,而银川市农业用水缺口较大。综合考虑,应适当调整银川市农业种植结构与城镇、人口规模,做到协调发展。

从供水侧角度来看,依据《宁夏水资源公报》,2021 年各水源供水占比分别为本地地表水 1.6%、黄河水 89.3%、地下水 8.3%、非常规水 0.8%;2025 年各水源供水占比分别为 2.27%、89.52%、6.98%、1.23%。相较于现状年,2025 年地下水水源供水占比降低 1.32%,黄河水、地表水、非常规水源占比分别上升 0.22%、0.67%、0.44%,供水结构优化明显,实现了优化利用地表水、削减开采地下水的布局,满足《宁夏"十四五"用水权管控指标方案》的规定。

3.3.4 用户尺度用水权精细确权理论方法

3.3.4.1 确权对象及单元

(1) 确权对象

本书以促进用水权交易为目标。考虑到我国目前水权交易以工业、农业等生产用水水权交易为主,因此,本书重点针对工业、农业、规模化畜禽养殖业等生产用水进行确权;生活、生态用水按照最严格水资源管理制度等有关要求将用水指标分配至县级行政区,不确权到户。

(2) 确权单元

农业用水确权到最小计量单元、管理到户,有条件的确权到户,对土地流转的农业用水权确权给流转前农户或农户所在村集体;工业用水权确权到工业企业;规模化畜禽养殖业用水权确权到规模化养殖企业、合作社或养殖大户。其中,规模化指标参照农业农村部规模养殖场相关标准确定。

(3) 确权期限

农业和规模化畜禽养殖业用水权有效期为 5 年,起止期与国家五年规划一致;工业企业用水权有效期原则上不超过 10 年。

3.3.4.2 农业用水权确权方法

在"四水四定"方案确定的县级行政区农田灌溉用水管控指标约束下,根据灌区类型和取用水监测计量实际情况,采用定额法进行用水权确权(图3.6)。

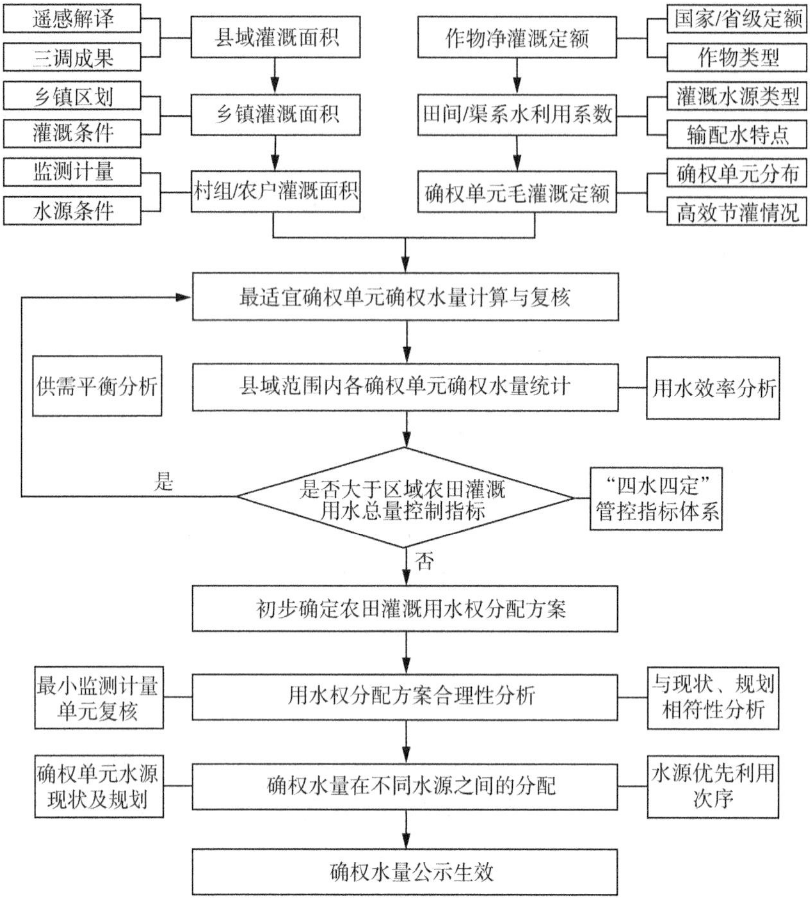

图3.6 农田灌溉用水权确权方法

第一,通过遥感解译等方法,结合自然资源部门第三次国土调查成果,综合确定县域灌溉面积;根据乡镇区划边界,综合考虑水源条件、灌溉方式、监测计量情况等逐级确定乡镇、村组或农户灌溉面积,并作为确权面积。

第二,依据确权单元作物类型、国家或自治区灌溉用水定额,确定确权单元的净灌溉用水定额;根据渠灌、井灌或井渠结合等不同灌溉方式,综合考虑确权单元空间分布、输配水特点和高效节水灌溉现状及规划情况,合理确定田间灌溉水有效利用系数和渠系水有效利用系数,在此基础上确定确权单元的毛灌溉水定额。

第三,依据确权单元的灌溉面积和毛灌溉用水定额,计算确权单元的确权水量,并通过纵横向对比进行确权水量复核。具体以县级行政区为对象,对区域内农田灌溉确权水量进行统计,在供需平衡分析和用水效率分析基础上,与县级行政区"四水四定"管控方案确定的农田灌溉用水总量控制指标进行对比。当确权水量低于"四水四定"管控方案分配的取水总量指标时,分析偏小的原因,进一步复核确权面积、净灌溉定额、确权单元灌溉水利用系数,确保"四水四定"对应指标全部确权;当超过"四水四定"管控方案分配的农业取水总量时,复核净灌溉定额,使其小于等于"四水四定"管控方案分配的农业用水总量,并初步确定用水权分配方案。

第四,将初步确定的用水权分配方案与区域水资源综合规划、开发利用和保护规划等确定的地表水、地下水和外调水可分配水量进行对比分析,分析水权分配方案的合理性,复核确权单元用水监测计量情况。

最后,根据确权单元各类供水水源,考虑地下水压采和水源替换等要求,明确各类水源的优先利用次序,并将确权水量分配至各类水源。

3.3.4.3 工业用水确权方法

对于工业用水确权,以企业为确权单元。由于小微企业规模较小,用水量和耗水量、节水潜力均比较小,且企业类型多样、生产工艺更新相对较快,综合考虑水行政主管部门的管理成本和企业的运营成本等因素,对于年用水量一定规模(1万 m^3)以下的工业企业,可根据实际情况不进行确权,可纳入台账管理,管理到户。在用水权交易实践中,可根据企业是否在公共供水管网覆盖范围内分两种情况进行确权(图 3.7)。

(1) 公共供水管网覆盖的企业

在公共供水管网覆盖范围内的企业,无需申领取水许可证,具体可根据企业是否安装二、三级用水计量设施分别进行确权。对于安装了二、三级用水计量设施的企业,根据企业近三年生产、生活、绿化等分项用水量,统计分项用水量,计算单位产品用水量、人均生活用水量、亩均绿化灌溉用水量等核心指标,并与相应定额标准进行对比,分析评价企业用水水平,在此基础上进行用水合理性分析;对于未安装二、三级用水计量设施的企业,采用行业先进用水定额、生活用水定额和绿化灌溉用水定额,确定企业用水量并进行合理性分析;在用水合理性分析基础上,结合企业产能现状和规划情况合理确定企业确权水量。

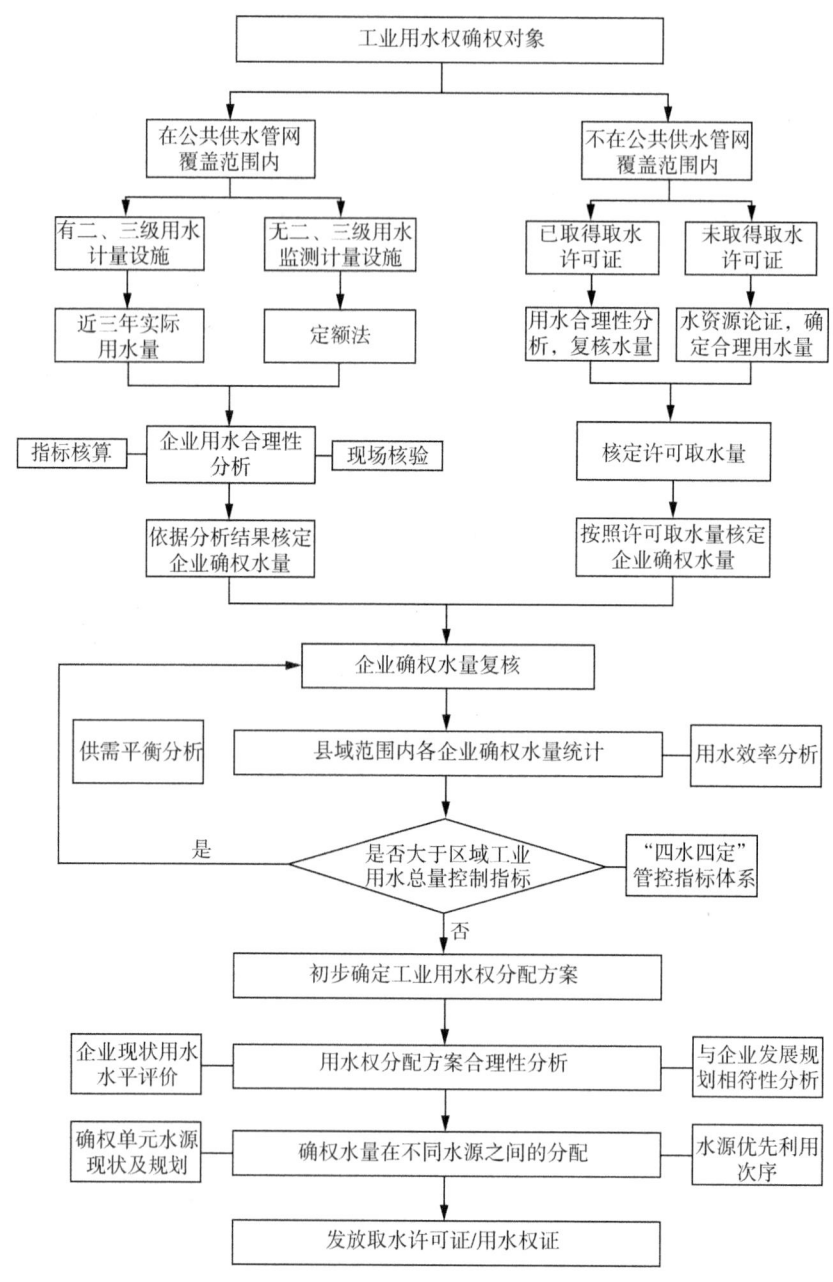

图 3.7 工业用水权确权方法

(2) 公共供水管网未覆盖的企业

不在公共供水管网覆盖范围内的企业,即使用自备水源的工业企业,按照其是否有取水许可证分类进行确权水量核定。其中,对于已取得取水许可证的企业,重点复核单位产品用水量等指标的先进性与合理性,并依据最新的产品定额、人均生活用水定额、绿化灌溉定额等确定合理用水量,按照最新核定的水量依法申请取水许可变更,并以最新许可水量作为确权水量;对于未取得取水许可证的企业,按照规定程序开展水资源论证,按照水资源论证确定的合理用水量,申请办理取水许可证,并以许可证载明的许可水量作为确权水量。

(3) 不同水源分配

工业是最具潜力的非常规水源用水户,随着我国污水资源化战略的深入推进,再生水、矿井水等非常规水源在工业回用领域具有广阔的前景。具备再生水、矿井水等非常规水源利用条件的企业,应优先配置非常规水源,不足部分再由地表水、地下水等常规水源进行补充。

3.3.4.4 规模化畜禽养殖业用水权确权方法

对规模化畜禽养殖业用水户,首先开展确权对象调查,收集养殖规模与类型、供水水源、已取得的取水许可证、近三年实际用水量等相关资料;分养殖企业、合作社或养殖大户在公共供水管网覆盖范围内和不在公共供水管网覆盖范围内两种情况,不在公共供水管网覆盖范围内的进一步分为已取得取水许可和未取得取水许可两种情况,采用定额法计算确权水量。其中,定额采用已发布的国家或省级定额标准,养殖规模根据现状实际养殖规模和养殖规模增速或相关规划确定(图 3.8)。

(1) 公共供水管网覆盖的规模化畜禽养殖户

对于在公共供水管网覆盖范围内的企业,根据养殖的具体畜禽类型,采用先进用水定额进行计算,确定养殖户用水量并进行合理性分析;在用水合理性分析基础上,结合养殖户现状养殖规模和未来规划情况合理确定养殖户确权水量。

(2) 不在公共供水管网覆盖范围内的规模化畜禽养殖户

对于不在公共供水管网覆盖范围内的养殖户,按照是否有取水许可证分类进行确权水量核定。其中,对于已取得取水许可证的养殖户,重点复核单位畜禽用水量等指标的先进性与合理性,并依据最新的产品定额确定合理用水量,按照最新核定的水量依法申请取水许可变更,并以最新许可水量作为确权水量;对于未取得取水许可证的养殖户,按照规定程序开展水资源论证,按照水资源论证确定的合理用水量,申请办理取水许可证,并以许可证载明的许可水量作为确权

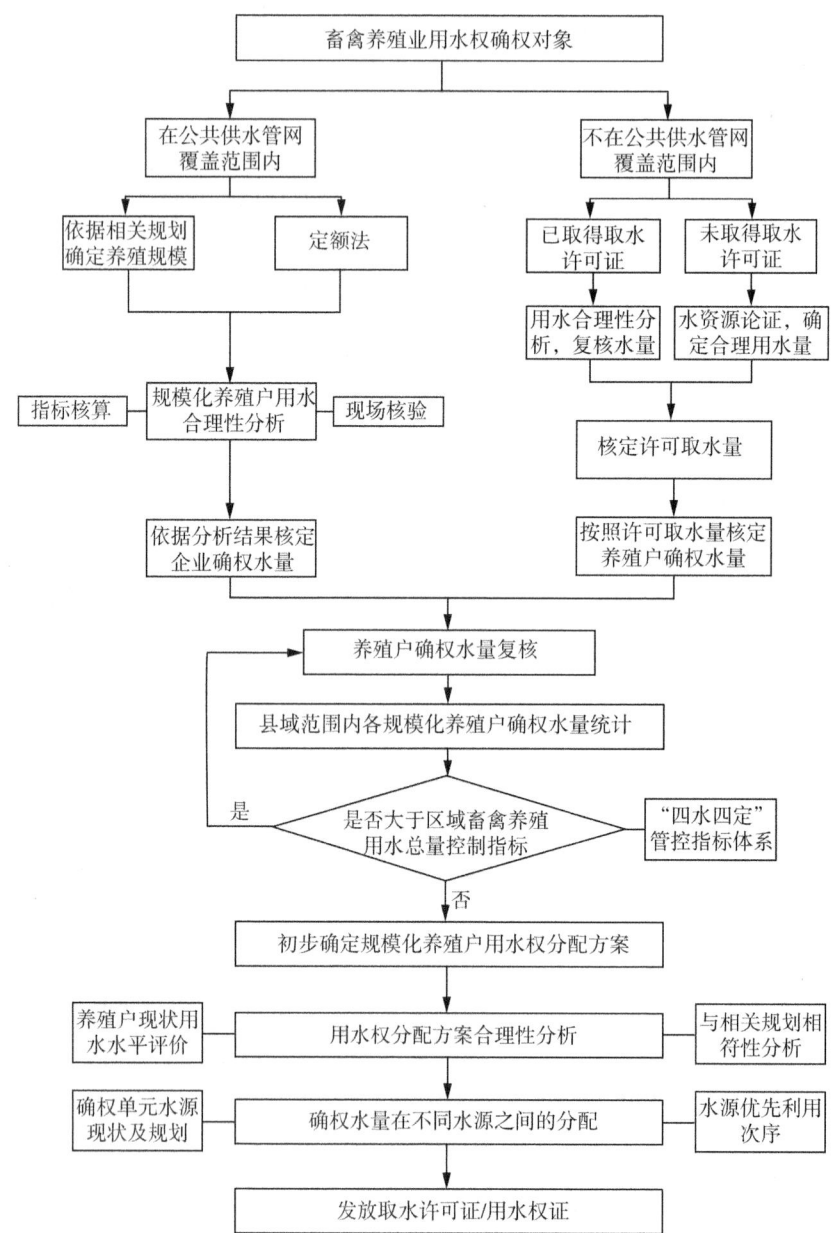

图3.8 规模化畜禽养殖户用水权确权方法

水量。

(3) 不同水源分配

具备集蓄雨水等非常规水源利用条件的畜禽养殖户，应优先配置非常规水源，不足部分再由地下水等常规水源进行补充。

3.3.5 宁夏用水权精细确权方法

自2021年新一轮用水权改革以来，宁夏大力推进农业、工业、规模化畜禽养殖业用水权确权，截至2022年底，全区累计核定确权面积1058万亩，工业建立用水企业台账3701家，畜禽养殖业建立规模化企业台账1909家，合计确权水量49亿 m^3。

3.3.5.1 农业用水权精细确权方法

(1) 准确核定农田灌溉确权面积

以现有效灌溉面积为主，兼顾各地粮食安全任务及自治区特色产业发展需求，按照灌区（农田）类型进行确权。其中，引扬黄灌区以卫星遥感解译的2019年灌溉面积为准，南部山区库井灌区以《宁夏"十四五"用水权管控指标方案》确定的灌溉面积为主，结合自然资源部门第三次土地调查面积，充分考虑灌溉条件、用水属性、灌溉现状等因素，将各县（市、区）灌溉面积明确到乡镇、村组及用水户，再进行逐村逐户现场调查与复核确认并予以公示。公示无异议的，以分解的灌溉面积作为本轮确权面积。

针对河滩地中的基本农田确权到取水口，管理到户，国有、管理处自留、监狱和矿务局系统已灌溉土地确权到现状管理单位，村集体、农户开荒已灌溉土地确权到村集体，城乡建设中已征用的土地不予分配水权，弃耕地的用水权可进行市场交易，或由县（市、区）政府收储。

(2) 分区分类确定净灌溉定额

依据《自治区人民政府办公厅关于印发宁夏回族自治区有关行业用水定额（修订）的通知》（宁政办规发〔2020〕20号），采用定额法核算农业用水户确权水量，具体根据种植结构分别确定水稻等水田，粮食作物、蔬菜瓜果、油料饲料、中草药等水浇地，以及酿酒葡萄、枸杞等灌溉园地的净灌溉定额（表3.8）。

设施农业和供港蔬菜等种植具有不确定性，考虑农业用水权确权的公平性，水浇地按照表3.8中的统一定额进行确权。设施农业和供港蔬菜等高耗水作物种植超出确权定额的水量通过市场化交易取得。

表 3.8　农业用水净灌溉定额表　　　　　　　　单位：m³/亩

区域	类别	灌溉耕地		灌溉园地			河滩地
		水田	水浇地	酿酒葡萄	枸杞	其他园地	
自流灌区	畦灌	1 050	320	—	—	240	100
	高效节灌	—	220	280	240	200	
扬黄灌区	畦灌		280	—		230	
	高效节灌		210	280	200	180	
库井灌区	畦灌		160	—		200	
	高效节灌	—	140	—	200	150	—

（3）分区分类确定毛灌溉用水定额

结合不同区域输配水特点、渠系衬砌状况、灌溉方式、蓄水池蒸发渗漏、土壤质地等因素，分区分类确定不同渠系（管道）和田间水利用系数（表 3.9）。在此基础上，各县（市、区）可结合实际情况综合确定各确权单元的渠系（管道）和田间水利用系数。

表 3.9　不同区域、不同类型灌区农田灌溉水有效利用系数推荐表

类别			渠系		管道	田间
			干渠	支斗渠		
区域	自流灌区	水浇地畦灌	0.85~0.87	0.77~0.82	0.95~0.97	0.82~0.84
		水田畦灌				0.80~0.82
		高效节灌				0.92~0.94
	扬水灌区	水浇地畦灌	0.88~0.90	0.84~0.87		0.84~0.86
		高效节灌				0.90~0.94
	库井灌区	水浇地畦灌	0.90~0.92	0.87~0.89		0.85~0.87
		高效节灌				0.90~0.94

（4）高效节灌率确定

各县（市、区）辖区内不同类型灌区高效节灌率要求如下：

①引黄自流灌区：高效节灌率为 40%；②中部干旱带扬水灌区（包括沿黄小高抽扬水灌区）：高效节灌率为 80%；③库井灌区：高效节灌率为 90%。各县（市、区）根据以上综合目标，统筹已建及规划高效节水灌溉区，合理确定区域内

高效节水灌溉面积分布,对于土壤保水性差的地区优先实施高效节灌。

(5) 确权水量核定与复核

根据确权面积与净灌溉定额确定确权单元的净灌溉用水量,在此基础上根据确权单元计量点到田间的渠系水有效利用系数、田间水有效利用系数,计算确权单元的确权水量,并将各确权单元确权水量全部换算至黄河取水口或机井取水口,初步得到农业确权用水总量。

将初步得到的农业确权用水总量,与自治区"四水四定"管控方案分配的农业用水总量控制指标进行水量平衡分析,合理确定各确权单元的确权水量。当其低于"四水四定"管控方案分配的农业用水总量时,按计算结果进行确权,剩余水量用于发展预留水量及年度优化调度调配;当其超过"四水四定"管控方案分配的农业用水总量时,压减有效灌溉面积或调整种植结构,使其小于等于"四水四定"管控方案分配的农业用水总量。

(6) 不同水源分配规则

对于不同区域、不同类型的灌区,结合灌溉水源实际情况,按照如下规则进行水源分配:

①对于引扬黄灌区中仅以黄河水为灌溉水源的,按上述方法确定的确权水量对黄河水进行确权;②对于引扬黄灌区中井渠结合灌区,在确定用水权总量条件下,根据黄河水来水和实际供水能力情况,优先确权黄河水,不足部分确权地下水;③对于纯井灌区,将地下水按上述方法确定的确权水量进行确权;④对于库灌区,将水库水按上述方法确定的确权水量进行确权;⑤对于库井灌区,在确定用水权总量条件下,根据水库水来水和实际供水能力情况,优先确权水库水,不足部分确权地下水。

3.3.5.2 工业用水权精细确权方法

(1) 公共供水管网覆盖范围内的企业

直接从江河、湖泊、地下取用水资源的,按照取水管理有关规定依法办理取水许可证;在公共供水管网覆盖范围内的工业企业由水行政主管部门核定其确权水量并核发用水权证。企业确权水量根据用水合理性分析结论确定,用水合理性分析采用定额法。对于《自治区人民政府办公厅关于印发宁夏回族自治区有关行业用水定额(修订)的通知》未涉及的行业,可参考国家及其他省份定额标准,或结合企业现状节水条件及用水情况。

(2) 自备水源企业

在核定许可水量基础上,发放取水许可证同时将其作为用水权权属凭证,确认企业用水户的用水权。根据现状是否已取得取水许可证,分为两种情况。

①现状已取得取水许可证的企业

按照《关于落实水资源"四定"原则 深入推进用水权改革的实施意见》要求,开展用水合理性分析,以先进用水定额为依据,根据企业主要产品的现状及规划水平年的产量等指标,核算企业合理用水量,按照最新核定量依法申请取水许可变更;对于近三年内富余的用水权,由政府无偿收回或有偿收储。

②现状未取得取水许可证的企业

按照水利部《关于进一步加强水资源论证工作的意见》、宁夏水利厅《关于试点推进水资源论证区域评估及取水许可告知承诺制的通知》等有关要求,开展建设项目水资源论证或按照水资源论证区域评估要求,提交取水许可备案表、承诺书等相关文件,将批复的许可水量作为确权水量。

(3) 不同水源分配规则

①对于具备非常规水利用条件的企业,优先配置非常规水,不足部分配置新鲜水。本次非常规水暂不确权,只对配置的新鲜水进行确权。

②根据"四水四定"管控方案确定的工业不同水源分配指标、实际供水工程条件和近三年实际用水情况,进行不同水源用水权分配,并根据当年实际情况进行调整。

3.3.5.3 规模化畜禽养殖业用水权精细确权方法

(1) 养殖规模确定

依据2021年实际养殖规模和"十四五"期间规划养殖规模增速进行综合确定。其中,"十四五"期间奶牛、肉牛、滩羊养殖规模增速参考《"十四五"奶牛、肉牛、滩羊产业高质量发展实施方案》进行确定,其他畜禽养殖规模增速参考相应"十四五"规划中畜禽平均增速,如果没有相应规划,按照近三年相应畜禽平均增速进行确定;规模化养殖用水定额依据《自治区人民政府办公厅关于印发宁夏回族自治区有关行业用水定额(修订)的通知》标准进行确定。

(2) 公共供水管网覆盖范围内的养殖企业

在公共供水管网覆盖范围内的养殖企业、合作社或养殖大户由水行政主管部门核定其确权水量并核发用水权证,确权水量根据用水合理性分析结论确定,用水合理性分析采用定额法。

(3) 自备水源养殖企业

在核定许可水量的基础上,发放取水许可证并将其作为权属凭证,确认用水养殖企业、合作社或养殖大户的用水权。根据现状是否已取得取水许可证,分为两种情况。

①已取得取水许可证的养殖企业、合作社或养殖大户

按照《关于落实水资源"四定"原则 深入推进用水权改革的实施意见》要求，开展用水合理性分析，近三年内富余的用水权由政府无偿收回，按照最新核定量依法申请取水许可变更。

②未取得取水许可证的养殖企业

按照水利部《关于进一步加强水资源论证工作的意见》等要求，开展水资源论证，核定其合理用水量作为确权水量。

(4) 不同水源分配

①养殖企业、合作社或养殖大户根据"四水四定"管控方案确定的养殖业不同水源分配指标及实际工程和用水情况，进行不同水源用水权分配，并根据当年实际情况进行调整。

②养殖业用水权确权先确定地表水，再根据地下水可开采量及供水工程确定地下水。

3.3.5.4 确权水量指标与水资源管理相关指标的关系

(1) 确权水量指标与取水许可证许可水量指标的关系

按照国家推进用水权改革的有关要求，结合宁夏实际，本轮用水权确权并非全口径确权。从用户端来看，结合用水权市场交易需求，重点针对农业、工业、规模化畜禽养殖业等生产用水进行确权，生活和生态用水分配到县级行政区域，不确权到户。主要是考虑生活用水是保证人的基本生存和发展的用水权利，生态环境用水权是保证动植物基本生存、维持或改善生态环境的用水权利，按照"以人为本""生态优先"等要求，现阶段暂不确权。从水源端来看，重点针对黄河水、当地地表水和地下水进行确权；对于再生水等非常规水，按照配额制原则，将再生水等非常规水最低利用量指标分配到各县级行政区，并鼓励各县（市、区）进一步将非常规水源利用量指标分配至用水户，但不针对非常规水进行确权，主要是从鼓励非常规水源利用的角度出发。用水户再生水等非常规水源利用量超出配额指标的部分，不纳入用水总量控制指标。

按照《宁夏回族自治区取水许可和水资源费征收管理实施办法》有关规定，宁夏取水许可实行分级审批制度，除明确的不需申领取水许可证的五种情形外，在自治区境内直接取用地表水或地下水的，均需要申请领取取水许可证。这五种情形包括：①农村集体经济组织及其成员使用本集体经济组织的水塘、水库中的水的；②家庭生活和零星散养、圈养畜禽饮用，年取水量1 000 m³以下的；③为

保障矿井等地下工程施工安全和生产安全必须进行临时应急取(排)水的;④为消除对公共安全或者公共利益的危害临时应急取水的;⑤为农业抗旱和维护生态与环境必须临时应急取水的。

从确权水量指标与取水许可证许可水量指标的关系来看,二者的差异主要体现在两个方面:

一是统计节点不同。确权水量是从用户端进行统计,取水许可是从水源端进行统计。从水源端到用户端,根据是否有公共供水企业、水库或灌区管理单位等,可进一步区分为"只取不用""只用不取""既取又用"三类。其中,"只取不用"取水户针对公共供水企业、水库或灌区管理单位,这类取水户需要申请领取水许可证,但按照宁夏新一轮用水权确权及交易相关管理制度,不需要进行确权。"只用不取"用水户可能是公共供水管网用户、农业灌溉用水户等,其中年用水量在 1 万 m^3 以上的公共供水管网用水户需要进行确权,但不需要申领取水许可证,年用水量不足 1 万 m^3 时,进行计划用水管理,不确权;对于农业灌溉用水户,根据取用水监测计量条件、用户规模等,综合确定是否确权,不需申领取水许可证。对于"既取又用"用户,则需要确权并申领取水许可证,通常针对的是自备水源工业企业或规模化畜禽养殖企业,这类用户用水权确权量指标与取水许可证载明的许可水量指标一致,因此其取水许可证兼具用水权凭证的作用,但目前尚需要从法律层面进行确认。

二是统计口径不同。取水许可证载明的许可水量指标是取水量口径,用水权确权的基本单元是末级渠口(支渠、斗渠或农渠)、农户(库灌区、井灌区)、企业(工业、规模化畜禽养殖业)、合作社或养殖大户,确权水量统计口径可换算至取水口,按照取水口径进行确权;在用户尺度上,确权水量指标与取水许可证载明的许可水量指标可能一致(自备水源用户,不计输水损失或按照取水口径确权),也可能不同(公共供水管网用户和灌溉用水户,无许可取水量),这导致在区域尺度上,确权水量指标有可能等于、大于或小于取水许可证载明的许可水量指标。

(2)确权水量、取水许可量与"十四五"管控指标的关系

宁夏"十四五"管控指标是按照"四水四定"原则确定的分水源、分行业取水量控制指标。根据《宁夏回族自治区用水权确权指导意见》,农业用水确权首先按照定额法计算净灌溉水量;其次根据确权单元灌溉水利用系数计算确权水量,并将确权单元的确权水量全部换算至取水口,初步得到农业确权取水总量,再将其与自治区"四水四定"管控方案分配的取水总量控制指标进行水量平衡分析;最后根据"四水四定"管控方案确定的农业不同水源分配指标统筹进行水源分配。工业用水和规模化畜禽养殖业用水确权按照企业在公共供水管网覆盖范围

内和不在公共供水管网覆盖范围内两种情况进行确权,不在公共供水管网覆盖范围的进一步分为已取得取水许可和未取得取水许可两种情况进行确权;最后根据"四水四定"管控方案确定的工业、规模化畜禽养殖业不同水源分配指标统筹进行水源分配。

可见,以确权单元为对象,将用水权确权水量换算至取水口径并以县级行政区为单元进行区域统计后,确权水量既不能突破"十四五"用水权管控指标确定的分行业取水量控制指标,也不能突破分水源取水量控制指标。因此,按照建立健全水资源刚性约束制度的有关要求,在区域尺度上,"十四五"分行业、分水源用水权管控指标是区域确权水量指标的上限。当发生用水权交易时,在交易期限内,出让方转出水量在本行政区域用水总量控制指标或用水调度分配指标中进行核减,受让方转入水量在本行政区域用水总量控制指标或水量调度分配指标中相应核增。

对于取水许可量与"十四五"用水权管控指标而言,区域尺度上取水许可量统计值是以区域用水权管控指标确定的地表水、地下水取水总量为刚性约束,即区域地表水、地下水许可水量不得突破相应的地表水、地下水取水总量控制指标,目的是落实"四水四定"制度。

(3) 确权水量、取水许可证许可水量与水量调度计划指标之间的关系

年度水量调度计划指标按照不同水源类型分别进行确定。其中,黄河水量调度计划指标是以水利部在"八七"分水方案基础上,按照"丰增枯减"原则分配自治区的年度黄河水指标为依据,以《宁夏"十四五"用水权管控指标方案》确定的分水源、分行业取水量控制指标为基数,按照同比例缩放的方法将黄河水指标进行分配,目的是从行政层面明确各县(市、区)取用水总量和重点取水工程的年度取水总量;当地地表水是在水利部分配给自治区境内渭河(葫芦河)、泾河、清水河三条支流水量指标基础上,以《宁夏"十四五"用水权管控指标方案》确定的分水源、分行业取水量控制指标为基数,按照同比例缩放的方法,分配至相应县(市、区);地下水是在《宁夏回族自治区地下水管控指标方案》确定的2025年地下水取水总量控制指标基础上,根据规划替代水源工程建设实际情况,确定计划取用量;非常规水源综合考虑《宁夏"十四五"用水权管控指标方案》《"十四五"用水强度年度管控指标的通知》分配各县(市、区)非常规水指标,结合实际需求进行确定。

水量调度方案是依据全区水量分配计划确定的总量指标,从操作层面明确引黄灌区各大干渠和城乡集中供水工程逐月取水指标和开停灌时间,并将县(市、区)用水总量按供水工程进一步细化到各月,以加强取用水的实时调度和过

程管理。各县(市、区)根据确定的取水总量,将指标分解到各供水工程,其中黄河干流包括22个干渠(泵站)、11个供水工程(泵站)和多个县(市、区)直管沿黄小型农业(生态)取水口;当地地表水取水计划由县(市、区)细化到支流及取水口(单位);地下水由县(市、区)细化到用水行业和部门;湖泊湿地补水由县(市、区)细化到湖泊湿地名称和逐月计划补水量。在此基础上,进行统计汇总,得到年度全区水量调度方案。

  对于各渠道、泵站、地下水取水井等地表水和地下水取水工程而言,按照《取水许可和水资源费征收管理条例》,需要申领取水许可证,各取水工程分配的水量调度计划指标均应以取水许可量为上限,不得突破取水许可证载明的许可水量。对于各取水工程而言,由于其取水许可证同时也具备用水权凭证的功能,且取水许可证载明的许可水量与确权水量一致,因此,水量调度计划指标也不能突破用水权确权量。在区域尺度上,区域水量分配计划指标原则上也不能突破区域取水许可总量指标和区域用水权初始分配指标,以体现"四水四定"和水资源刚性约束要求。

第4章 用水权价值实现机制研究

4.1 用水权商品属性分析

水资源不仅是基础性自然资源,是战略性的经济资源,也是生态环境的控制要素和文化的载体。水资源不仅具有价值和使用价值,还具有生态价值,是一类特殊的商品。用水权的商品属性源于水资源的商品属性。

4.1.1 水资源具有价值和使用价值

具有价值是一般物品成为商品的必要条件。水作为生命之源、生产之要、生态之基,具有使用价值。传统理论认为水资源交换价值主要体现在稀缺性、资源产权和劳动价值三个方面。其中,稀缺性是水资源价值的基础,也是市场形成的根本条件;资源产权指水资源财产权利,即水资源为其所有者带来的租金收益,是交易的基本先决条件;劳动价值是指水资源开发利用过程中所凝结在其中的无差别人类劳动,即水资源调查评价、开发利用、节约保护过程中的劳动和资金投入,这是天然水资源与已开发水资源之间价值差异的来源。对于未开发的水资源,虽然没有人类劳动和资金投入,但其仍然具有价值,即资源稀缺性和产权所形成的价值。随着水资源价值理论的不断发展,学者们认识到马克思劳动价值理论的时代局限性,并基于水资源的外部性特征,认为水资源价值内涵还应该包括生态价值或补偿价值(甘泓等,2012)。总之,水资源具有使用价值和交换价值,具备成为商品的必要条件。

4.1.2 水资源的稀缺性是水资源商品化的重要驱动力

随着经济社会发展,水资源的稀缺性日益凸显,水资源管理制度不断完善,水资源商品化程度也不断深化。特别是最严格水资源管理制度实施后，一方面，缺水地区新增用水需求严格受限，而已有用水总量指标已经通过确权等方式分配至各类用水户，新增用水户的用水需求难以得到满足，倒逼新老用水户之间开展用水权交易；另一方面，水资源的流动性和循环性导致水资源具有一定的时空约束性，即水资源的时空分布具有一定的地域性，这导致水资源交易很难像一般商品一样以实体方式进行；此外，水资源所有权与用水权分离后，为用水权入市交易扫清了权属障碍，使得用水权与土地使用权一样，具备了作为商品入市交易的充分条件。

4.1.3 用水权属于特殊的商品

（1）用水权交易的可行性

市场经济条件下的市场交易通常是指实物的买卖行为，交换的实质是使用价值的交换。从法律视角分析，市场实物交易实质是权利的让渡或者转移，即商品的交换实际上代表着法律意义上的商品所有权或使用权从原权利人转移到受让方。

人类开发利用活动将原本赋存于自然界的水资源转变为商品水资源，成为交易的客体。既然水资源商品可以成为交易客体，在所有权与使用权分离后，代表用水权人权利的水资源商品使用权，与代表股东权利的资本股权类似，理论上也可以进行交易。

按照法学相关理论，能够进行有偿转让的权利必须为私权。在法律规定的框架内，民事主体可按照自己的意愿（当事人的意思表示），自由地行使各项民事权利，包括财产权。前已述及，所有权与用水权分离后，用水权人对自己依法持有的相应份额的水资源，具有占有、使用、收益等权利。用水权属于"准用益物权"，是一种私权，是用水权人在用水权再分配过程中，通过向国家缴纳一定费用而获得的一种商品水资源他物权，具备转让或交易的充分条件，可以入市交易。

（2）用水权交易的必要性

水资源的稀缺性是开展用水权交易的现实基础。一方面，用水权交易有助于建立节约用水和水资源保护的激励机制。在区域用水总量控制指标约束下，用水权交易可以有效满足部分新增用水需求，引导水资源向高效率和高效益的行业流转，是市场经济条件下科学高效配置水资源的重要途径，也是建立政府与市场两手发力的现代水治理体系的重要内容。另一方面，用水权交易是市场经济发展的内在要求和必然选择。传统的水资源配置模式以政府为主导，市场机制未得到有效发挥。在缺乏市场手段的情况下，政府要准确判断水资源对各行业各用水户的用水效益,并将水资源分配给边际效益最高的用水户的成本非常高;理想市场经济条件下,用水权出让方和受让方通过市场追求各自的效益最大化目标,市场通过价格等手段完成水资源配置,并实现水资源配置的帕累托最优(Pareto Optimality),也即用水权交易市场形成某种均衡状态,各交易主体均无法在不损害其他交易方效益的前提下提高自己的效益;在竞争市场条件下,利用市场手段对水资源进行优化分配后,形成水资源优化配置的帕累托最优状态,从而解决水资源配置的公平和效率问题,提高水资源配置的效率和效益。

4.1.4 用水权交易是水资源商品化交易的具体表现形式

《民法典》第一百一十四条规定,"民事主体依法享有物权"。物权包括所有权、用益物权和担保物权等不同权能,根据本书的界定,水资源作为一类特殊的"物",用水权属于"准用益物权"或"准财产权";水资源作为一类特殊的资产,其所有权属于国家。根据本书对用水权的相关界定,赋予企业法人、农村集体经济组织、自然人等不同民事主体用水权后,各民事主体取得相应的水资源份额,并可依法行使非完全占有、使用、收益、有限处分等权利。

用水权交易是出让方将其依法获取的一定份额的水资源的占有、使用、收益的权利让渡给受让方的行为,核心是让渡水资源使用和收益的权利。可见,交易的内容是用水权的让渡。进一步分析不难发现,用水权交易的载体或实体对象是一定份额的水资源,这部分水资源是通过投入劳动和资本,从而完成了其商品化,形成了水资源商品,并用于供给生活或生产用水户。

可见,用水权交易的实体是水资源,用水权交易是水资源商品化交易和用水权商品属性的具体表现形式。

4.2 用水权基准价测算理论方法及应用

4.2.1 用水权基准价的定义及特征

水资源属于基础性的自然资源和战略性的经济资源,公共供水企业等供水单位具有垄断经营性质。在用水权市场建立之前,我国水价主要以政府定价模式为主。自 2000 年浙江省东阳市与义乌市首例用水权交易实践实施以来,我国用水权交易市场不断发展完善,市场调节机制在定价环节所起的作用不断强化。科学合理制定用水权交易价格,有助于激发用水权交易的内生动力,充分发挥市场在优化水资源配置中的基础性作用。水资源与土地资源均属于国家资产和公共自然资源,且二者特征存在一定的相似性,因此,本书在借鉴分析土地使用权定价理论和方法基础上,提出了用水权基准价的概念。

4.2.1.1 用水权基准价的概念和内涵

用水权基准价应基于水资源价值理论,综合考虑经济社会发展条件、资源稀缺程度和供求关系、用水户承受能力、产业政策等因素,按照公平、合理、节水激励、行业差异、经济可负担等原则,综合评估得到(吴凤平等,2019)。所谓用水权基准价,指该价格应反映水资源本身的价值,是用水权价值底线值,也是用水权平均价格的理论值。根据《中华人民共和国价格法》,用水权交易价格应采取政府指导价的方式,由各级政府相关职能部门根据区域水资源供需状况、经济社会发展水平、取水水源和用水户类型等,分类制定用水权交易价格。据此,本书将用水权基准价定义为:以水资源使用权为定价对象,以促进水资源高效利用和有效保护,稳定用水权市场供需关系,保障生活、生产、生态用水安全为目标,遵循政府指导价定价的相关原则、方法和程序进行评估测算,并经过政府确认、公布实施的用水权的基础价格。

用水权交易基准价是以产权价值理论、劳动价值理论、外部性理论等相关理论为依据,以产权价值、劳动价值、使用价值、生态价值或补偿价值等多元价值为基础,采用政府指导价方式进行定价。不同于普通商品价格,也不同于水资源税(费)是水资源所有权的体现,它是水资源使用权在经济上的具体体现,也是政府所有权收益的资本化,不受是否凝结着无差别人类劳动的限制。因此,不论是确权水量与实际用水需求量差额形成的用水权富余水量(没有投入任何劳动或生产要素而自然获得的用水权),还是因工程措施节水而形成的用水权富余水量(投入了节水成本和生产要素),政府均有权利索取用水权基准价对应的收益,其实质体现了政府作为水资源所有权人与用水权人的一种经济关系(祝海洋,2018)。

4.2.1.2 用水权基准价的特征

(1) 地区差异性

用水权基准价是一种根据区域水资源禀赋、供需关系、水源类型、用水结构等特点,综合评估得到的平均价格的理论值。不同区域、不同水源、不同用户,由于用水权的价值不同,因此,用水权基准价具有一定的差异性。因此,政府价格主管部门在制定、发布用水基准价时,应考虑上述差异性,针对不同区域、不同水源、不同用户,分区分类制定差别化的用水权交易基准价格体系。

(2) 动态调整性

用水权基准价强调一定条件下,某一估价期内的区域用水权的平均价格。它只反映一定时期内,如三至五年内某地区特定用水权类型的总体价格水平;随着社会经济发展、水资源供需形势变化等外部条件变化,用水权基准价会相应发生变化。为使用水权基准价能够真实地反映水价的总体水平,应根据水资源供需关系、经济社会发展和产业政策导向情况适时调整、及时公开,并将其作为用水权交易的价格依据。

(3) 政策导向性

用水权基准价是一种指导性价格,而不是实际的市场交易价格,是各级政府对用水权交易价格进行宏观调控的一种价格手段,同时也是国家和不同地区实行用水权有偿取得和有偿使用制度的价格依据。作为基准价,其还需要考虑一定的政策导向性:一方面,对于地区重点发展的产业,用水权基准价可给予一定的优惠政策;另一方面,农业用水权基准价定价时应充分考虑农民经济承受力、粮食安全保障、农业生产成本等因素,保障不同区域、灌域、用水户之间用水权交易的积极性和可行性。

(4) 财产收益性

回顾我国水权市场化改革的实践经验,以往对水权财产性收益或权益的认识和重视不够。例如,水权交易价格中,只强调节水成本,利用成本法进行定价,没有考虑出让方作为用水权持有人的财产性收益。用水权基准价定价应保障出让方的权益,体现出让方持有用水权的财产收益性。同时,制定竞争性的用水权基准价也有利于激励各类用水权人自觉节水,增强用水主体参与节水的内生动力,形成节水有益的良性机制。

4.2.2 用水权交易基准价格影响因素分析

本书以宁夏为案例区域,以自治区基层水资源管理人员为调查对象,通过开展问卷调查等方式,调查分析用水权交易基准价的影响因素。

4.2.2.1 问卷调查设置及调查情况

通过开展问卷调查,共回收问卷 45 份,其中有效问卷 40 份,涉及固原、吴忠、石嘴山、中卫、银川共 5 个地市。问卷内容包括基本情况和用水权基准价影响因素两部分。其中,影响因素部分共考虑供求因素、工程因素、社会经济因素、政策机制因素、水资源因素、生态因素共 6 大类、24 个因素(表 4.1)。

为便于分析,本书假定问卷各问题中的"有影响"选项得 1 分,"无影响"选项得-1分,不确定选项得0分;在此基础上,通过分析各个影响因素的综合得分,来确定其对基准价格的影响程度。

表4.1 用水权基准价影响因素

影响因素类型	影响因素
供求因素	出、受让方数量(1)
	受让方经济承受能力(2)
	交易水量(3)
	水资源质量(4)
	期限(5)
	类型(6)
	用途(7)
	交易时间(8)
社会经济因素	经济发展水平(1)
	用水效率(2)
政策机制因素	水量分配政策(1)
	特色产业扶持政策(2)
	取水许可、水资源税(3)
	精准补贴(4)
	节水激励(5)
	工程融资、贷款(6)
水资源因素	水资源稀缺程度(1)
生态因素	废水排放量(1)
	生态用水量(2)
	第三方效应(3)
	水资源的可持续利用(4)
工程因素	建设成本(1)
	运维成本(2)
	更新成本(3)

4.2.2.2 问卷调查结果分析

(1) 银川市

在 40 份有效问卷中,涉及银川市的共 7 份。调查结果表明,在供求因素中,交易水量对用水权基准价的影响最大,占比 24%,交易类型对用水权基准价几乎无影响。在社会经济因素中,经济发展水平对基准价格的影响与用水效率相差不大,且较高。在政策机制因素中,各二级因素对基准价格的影响强度相差不大,比较平稳。在生态因素中,水资源的可持续利用被认为是对用水权基准价影响最大的。工程因素中,3 种因素对用水权基准价的影响都很大,更新成本与用水权的交易期限关联,故影响程度稍弱。

通过进一步对各影响因素进行加权平均处理,本书对各类因素的影响程度强弱进行了排序,结果为:水资源因素>工程因素>社会经济因素>政策机制因素>生态因素>供求因素。

(2) 石嘴山市

涉及石嘴山市的有效问卷共 8 份。调查结果表明,在供求因素中,8 种影响因素的比重相对均匀,占比重最大的为第 3、5、7 种因素,即交易水量、期限和用水权用途,占比为 7.15%。在社会经济因素中,经济发展水平对基准价格的影响程度比用水效率大得多。在政策机制因素中,各二级因素对基准价格的影响强度相差不大,比较平稳。在生态因素中,水资源的可持续利用和生态用水量被认为是对用水权基准价影响最大的。工程因素中,3 种因素对用水权基准价的影响都很大,更新成本与用水权的交易期限关联,故影响程度稍弱。工程运营维护成本的影响程度大过工程建设成本,可理解为用水权交易过程中,没有建设新的工程,而是利用了现有的输引水工程。

通过进一步对各影响因素进行加权平均处理,本书对各类因素的影响程度强弱进行了排序,结果为:工程因素>供求因素>社会经济因素>水资源因素>政策机制因素>生态因素。

(3) 吴忠市

涉及吴忠市的有效问卷共 9 份。调查结果表明,在供求因素中,占比重最大的为第 3 种因素,也即交易水量,占比为 25%。在社会经济因素中,用水效率对基准价格的影响程度稍高。在政策机制因素中,各二级因素对基准价格的影响强度相差不大,比较平稳。在生态因素中,水资源的可持续利用被认为是对用水权基准价影响最大的;相反,生态用水量被认为对基准价格是几乎无影响的。工程因素中,3 种因素对用水权基准价的影响都很大,更新成本与用水权的交易期限关联,当水权交易期限小于工程生命周期时,可不考虑工程更新因素,故其影响程度稍弱。

通过进一步对各影响因素进行加权平均处理,本书对各类因素的影响程度强弱进行了排序,结果为:工程因素＞社会经济因素＞水资源因素＞政策机制因素＞供求因素＞生态因素。

(4) 固原市

涉及固原市的有效问卷共9份。调查结果表明,在供求因素中,占比重最大的为第7、8两种因素,也即用水权用途和用水权交易时间,占比皆为23%。在社会经济因素中,2种因素都比较有代表性,影响比较明显。在政策机制因素中,除第4种因素,即精准补贴因素外,其他因素也相对比较重要,这侧面说明了固原市用水权交易补贴机制的作用有待探讨和深究。在生态因素中,废水排放量被认为是对用水权基准价影响最大的;相反,生态用水量被认为是对基准价格几乎无影响的。而工程因素中,3种因素对用水权基准价的影响都很大。

通过进一步对各影响因素进行加权平均处理,本书对各类因素的影响程度强弱进行了排序,结果为:工程因素＞社会经济因素＞水资源因素＞供求因素＞政策机制因素＞生态因素。

(5) 中卫市

涉及中卫市的有效问卷共7份。调查结果表明,在供求因素中,8种影响因素的比重相对均匀,但影响没有特别明显,影响程度处于中等水平。在社会经济因素中,经济发展水平对基准价格的影响程度与用水效率接近,均值得考虑。在政策机制因素中,工程融资、贷款政策对基准价格影响较大,而取水许可几乎是无影响的。在生态因素中,水资源的可持续利用和生态用水量被认为是对用水权基准价影响最大的;相反地,生态用水量被认为是无影响的。而工程因素中,3种因素对用水权基准价的影响都很大,更新成本与用水权的交易期限关联,故影响程度稍弱。

通过进一步对各影响因素进行加权平均处理,本书对各类因素的影响程度强弱进行了排序,结果为:工程因素＞水资源因素＞社会经济因素＞供求因素＞政策机制因素＞生态因素。

(6) 整体调查结果分析

通过对5个市域的问卷分析,本书发现不同地区在制定用水权基准价时着重关注因素的影响程度有所不同,但基本上保持一致。因此,本书对宁夏回族自治区进行整体分析,以一级因素的总得分比上其下属的二级因素的设置个数,可得6类因素对用水权基准价影响的占比情况。

结果表明,6类因素综合影响程度大小顺序为:工程因素、水资源因素、社会经济因素、政策机制因素、供求因素、生态因素。其中,工程因素中的建设成本、水资源因素中的水资源稀缺程度、社会经济因素中的经济发展水平、政策机制因素中的水量分配政策、供求因素中的交易水量、生态因素中的水资源可持续利用性这6个因素分别在各个影响因素中最具有代表性,因此在制定用水权基准价时应着重考虑。

4.2.3 不同用途用水权交易基准价格形成机理

水资源用于不同用途时产生不同的边际净收益,这是用水权交易的根本动因。用水权交易基准价格的影响因素众多,难以直接对用水权交易基准价格进行测算,但可从用水户的承受能力着手进行分析,具体可依据不同类型用水户的水价承受能力对用水权交易基准价格进行间接测算。具体测算方法有水费支出能力指数分析法、支付意愿调查法、水价提价趋势类推法和其他地区类比法等。

4.2.3.1 工业用水权交易基准价形成机理

对于工业用水而言,根据世界银行等国际贷款机构的研究成果,当工业水费支出占工业产值的比重不高于3%时是现实可行的。考虑我国经济社会发展状况、水费征收现状和工业企业的实际情况,该标准明显偏高。根据已有相关成果,当工业用水成本控制在工业产值的1.4%之内时,可基本保证工业的实收资本利润率高于银行的1年期贷款利率。应该指出,由于不同工业行业的用水量和成本结构存在差异,1.4%是各行业的平均水平;对于高耗水行业,用水成本占工业产值的比重可以达到3%以上。

特别地,重点高耗水工业行业如能源、化工、印染、酿造等在全区工业用水中占有一定的比例,对其水价承受能力专门进行分析十分必要。参考有关企业调查资料,高耗水工业企业万元工业增加值用水量按工业行业平均万元工业增加值用水量的3倍计,水费支出能力指数按2.5%计算。通过分析典型地区高耗水工业企业可承受水价可知,高耗水工业企业可承受水价低于一般工业企业可承受水价。

4.2.3.2 农业用水权交易基准价形成机理

由于粮食作物和经济作物的亩均产值和亩均净收益存在明显的差距,因此在进行农业用水权交易基本价格形成机理分析时,需要对粮食作物和经济作物有所区分(李铁男等,2019)。

(1) 粮食作物用水权交易基准价形成机理

参考《农业水价综合改革试点培训讲义》，以农业水费支出占亩均产值比例的 5%～10%、农业水费支出占亩均农业净收益比例的 10%～13% 作为农业水费承受能力的测算依据，分别确定两种情况下的承受能力，然后取最大值作为水价承受能力。水价承受能力需要的数据包括灌溉定额、亩均粮食作物产值、亩均粮食作物纯收益等。其中，灌溉定额需根据灌区种植的粮食作物的种类、灌溉方式和复种指数综合确定，对于没有颁布灌溉定额的地区，可参照同类地区进行确定；亩均产值、成本、亩均纯收益需根据粮食作物种类和复种指数综合确定，具体可对宁夏各地区各种粮食作物的成本、收入进行入户调查，同时借鉴当地统计部门发布的相关数据。对于粮食作物种植结构比较复杂的地区，可以采集多种具有代表性的粮食作物的相关数据进行测算。已有研究成果表明，黄河流域农业粮食作物农业水价承受能力为 0.142～0.516 元/m^3，均值在 0.345 元/m^3。

(2) 经济作物用水权交易基准价形成机理

由于经济作物的亩均产值和亩均净收益均明显高于粮食作物，因此经济作物的用水权交易基准价也应高于粮食作物。经济作物用水权交易基准价测算与粮食作物测算类似，参考《农业水价综合改革试点培训讲义》，以农业水费支出占亩均产值比例的 5%～10%、农业水费支出占亩均农业净收益比例的 10%～13% 作为农业水费承受能力的测算依据，具体根据宁夏地区经济作物的实际投入产出情况对以上两个参数进行适当调整。对于经济作物种植结构比较复杂的地区，同样可按照种植面积选择具有代表性的经济作物类型进行测算，如选择蔬菜、硒砂瓜、枸杞、葡萄等经济作物。已有研究成果表明，黄河流域经济作物水价承受能力为 1.153～4.329 元/m^3，均值为 2.154 元/m^3。

4.2.3.3 水资源用途对用水权基准价的影响分析

边际效用是指新增单位产品或原材料的消费所能带来的效用增量。因此，用水权的边际效用就是指用水户增加单方水带来的收益增量。边际效用理论表明，当用水权受让方支付的用水权价格等于用水权的边际效用时，用水权受让方将从用水权交易中获取最大化收益，即其支付的最高价格刚好等于其达到最优用水量时最后一单位水资源的边际效用。

根据边际效用理论，可以从以下几个方面探究用水权价值产生的根源。第一，用水权具有稀缺性。因为流域（地区）的水资源量存在上限，而需求侧却不断增加，当实际开采量超过当地水资源承载能力时，就会发生水资源超载现象。因此，用水权具有普通商品属性，满足入市交易的必要条件。第二，用水权具有使用价值。水资源是国民经济基础性的自然资源、战略性的经济资源、生态环境的控制性要素,具有多种功能,包括供水、灌溉、发电、航运、养殖、旅游等。因此,用水权具有使用价值,而且用水权在不同部门或者用水户之间具有不同的边际效用,即价值,这正是用水权交易的动力。由于用水权具有稀缺性和效用,满足价值得以实现的充分条件。

同时,用水权与其他商品一样,满足边际效用递减规律。在缺水地区,当水资源异常稀缺时,用水权的边际效用相当大,此时水资源被用于保障基本生存;在水资源禀赋条件较好的地区,水资源稀缺性相对较弱,用水权的边际效用减小。总之,水资源短缺情况下,其优先用于满足保障基本生存的刚性需求;随着供给量的增加,除满足刚性需求外,将用于满足其他弹性需求,此时用水权的边际效用是递减的。可见,用水权的效用量是由供给与需求之间的状况决定的,其大小与需求强度成正比例关系;在用水权供不应求的条件下,用水权的效用量较大,而且用水权的需求强度越大,用水权的效用量就越大(杨皓然,2018)。

综上,用水权的价值最终由稀缺性和效用性共同决定,用水权的效用性越大、稀缺性越强,那么用水权的价值就越大,且用水权是从低效率流向高效率。所以,在测算用水权基准价格时,应考虑用水权的用途。

4.2.4 用水权交易基准价格测算理论与方法

党的十九届五中全会提出推进用水权市场化交易。《关于推进用水权改革的指导意见》提出"加快建立归属清晰、权责明确、流转顺畅、监管有效的用水权制度体系,加快建设全国统一的用水权交易市场"。用水权交易基准价格测算是用水权交易的基础和前提,在调节水资源供求关系,激励节约用水和促进水资源向更高效率、更高效益流转中的杠杆作用更加突显(倪津津等,2019)。因此,开展用水权基准价测算工作,是落实国家用水权改革的具体措施,有利于体现水资源的自然价值和社会价值的衡量标准,有利于培育用水权市场和推进用水权市场化交易的有效机制。

4.2.4.1 测算依据及原则

(1) 测算理论依据
①劳动价值理论
马克思提出,价值是凝结在商品中的无差别的人类劳动。部分学者认为基于劳动价值论,可以对水资源价值进行评估,因为水资源除本身作为自然资源价值的部分外,水资源的使用也是建立在人类劳动的基础上的,剩余价值为人类劳

动所创造,故水资源应当具有价值。但另一部分学者认为水资源属于不经过人类劳动而产生的自然资源,它是大自然赋予人们的自然资源之一,不存在劳动的凝聚,故水资源应该不存在价值。随着现代各行业迅速发展,目前各经济行业都离不开水资源的投入使用,所以水资源是具有价值的。以上两种看法的主要关注点在于水资源是否凝聚了人类劳动,而对如何评估水资源价值与价值是否被低估等问题还未提供解决方法。

②效用价值理论

效用价值论又称为主观价值论,它是以物品满足人的需求的能力或人对物品效用的主观心理评价解释价值及其形成过程的经济理论。效用指某一商品能够满足人们需要的功能。边际效用价值论与劳动价值论之间一个很重要的区别是,边际效用价值论认为效用不一定需要参与人类劳动,该价值理论把商品的价值分为主观价值和客观价值。效用价值论认为:商品的价值来源于效用,效用是形成价值的前提条件;价值量可以通过边际效用(不断增加某一商品的数量将降低该商品对于人们的效用,最后一个单位的效用即为边际效用)来衡量,需求越高,效用越高,反之,需求越低,效用越低。

效用价值论具有以下缺陷:一是由于效用价值论具有很强的主观性,商品对于用户的效用或者用户对于商品的需求实际是一种心理现象,难以通过定量的数值进行衡量,从需求的角度来计算出水资源的价值较为困难;二是效用价值论把商品的使用价值和自身价值混为一谈,即把物品对用户的效用与效用自身的价值相混淆,并且两者之间难以剥离。因此运用效用价值论可以确定水资源具有价值,但是无法定量化,需要寻求相关解决办法。

③存在价值理论

存在价值也称为非使用价值或被动使用价值,是指当人类发现某种资源以后,因资源存在而对其赋予的价值。存在价值与资源是否被利用无关。存在价值论的核心是,资源存在即是财富,因为从经济学角度来说,价值是从人们的选择中衍生出来的,该价值论与之前的经济学理论有很大区别。运用资源价值论可很好地解释水资源等一切自然资源都具有价值,因为水资源存在,所以水资源有价值(殷会娟等,2017)。

(2)测算原则

①公平性原则

公平性指在进行利益分配时要兼顾所有分配主体,力求公平合理,要实现权利和义务的对等,保证司法公正。这种公平性不仅包括代内公平,还包括代际公平。所有社会成员都享有使用水资源的权利,若用水权基准价定价过高,超出大部分成员的承受能力,相当于变相地剥夺了这部分人的使用权利,既违背了公平原则,同时也造成水资源的浪费;此外,水资源虽具有可再生性,但若使用强度超出了其再生能力,就会导致一系列问题,甚至会影响后代人的发展。

②合理性原则

合理性原则指在不超过水资源承载能力前提下,最大限度地开发利用水资源。因此,制定用水权基准价时需考虑不同技术条件下企业的承受能力。若用水权基准价定价过高,大部分企业或灌溉用水户将无法承受,这样的价格就没有实际意义,交易也无法达成;若定价过低,水资源的价值无法得到完全体现,无法激发用水户的节水积极性,导致水资源浪费,致使水资源供给情况持续恶化。真正体现水权价值的合理定价既要确保对用水户形成约束,使其在保障自身用水的情况下不浪费水资源,又要能够促进用水户节约用水,进而达到合理分配水资源和保护环境的目的。因此,用水权基准价格要高于水资源平均使用成本,以实现水权有偿使用及交易制度的预期。

同时,这也是一种甄别和筛选用水户的过程。技术落后、用水效率和效益低的用水户需要提高其水资源效率,或通过用水权交易市场向其他用水权人购买水权以满足其生产和运营需要。无论哪种方式都可能增加用水户负担,拉大其与技术先进、效益高的用水户的差距,最终导致其被淘汰。因此,通过这种价格杠杆,能够促使高耗水型用水户改进生产工艺和流程,从而实现经济发展和生态环境保护双赢。

③差异性原则

用水权基准价测算的差异性原则主要体现为水源差异性、区域差异性、行业差异性等方面。水源差异性指地表水、地下水、外调水等不同水源,其供水成本不同,导致用水权基准价不同;区域差异性主要指在用水权基准价测算过程中需要考虑水资源禀赋差异、经济社会发展水平差异等对基准价定价的影响;行业差异性主要是由不同行业对水价的承受能力不同,单方水产生的效益不同等,导致用水权基准价也存在差异。总之,在用水权基准价测算时,需要分水源、分区域、分行业进行测算。

④政策导向性原则

用水权交易涉及不同区域、行业之间用水权流转,在国家供给侧结构性改革的大背景下,黄河流域生态保护和高质量发展先行区建设等一系列国家战略的实施,对绿色发展、高质量发展提出了新的更高要求。在用水权基准价制定过程中,需要考虑国家和地区的相关发展战略,在保障粮食安全的前提下,充分考虑产业结构调整的实际需求,并在制定用水权基准价时,按照尽量满足重点产业发展的用水需求等原则,制定用水权基准价,充分发挥水价在产业结构调整中的杠杆作用,确保在流域(区域)水资源总量的刚性控制下,积极促进水权交易。

⑤财产收益性原则

财产性收益是指通过资本、技术、管理等要素与社会生产和生活活动所产生的收入,主要包括出让财产使用权所获得的利息、租金、专利收入,以及财产营运所获得的红利收入、财产增值收益等。用水权是派生于水资源所有权的一种独立的物权,是对水资源的使用获益权。用水权从所有权中分离出来,目的是优化配置水资源,实现物尽其用。参与市场交易的用水权是一种战略性经济资源,需要发挥市场在用水权基准价形成中的决定性作用,依靠用水权准市场的供求关系、价格机制等促进水资源的高效流动和配置。

总之,在用水权基准价测算时,要强化用水权权益意识和财产权收益观念,提高用水权的市场价值反映力,让水资源内在价值在用水权基准价格中得以充分体现。

4.2.4.2 用水权交易基准价格测算模型

水资源价值系统是一个复杂系统,描述水资源价值的参数具有模糊性,各影响因素对水资源价值的影响相互交织,难以定量描述不同因素对水资源价值的影响。处理这样的复杂系统,基于关系描述的数学模型通常难以奏效,本书采用模糊数学的方法进行分析(管新建等,2019),具体包括水资源价值评价和水资源价格评价两部分。

1) 水资源价值评价模型

水资源价值模型可以用一个函数表示:

$$V = f(X_1, X_2, X_3, \cdots, X_n) \quad (4-1)$$

式中:V 为水资源价值;$X_1, X_2, X_3, \cdots, X_n$ 为相应影响因素,如水资源量、经济结构等。

假设 U 为水资源价值要素,且 $U = (X_1, X_2, X_3, \cdots, X_n)$,水资源价值评价等级构成评价向量 M,M =(高,较高,中等,较低,低),水资源价值综合评价可表示如下:

$$V = A \circ R \quad (4-2)$$

式中:A 为 $X_1, X_2, X_3, \cdots, X_n$ 要素评价的权重值;"。"为模糊矩阵的复合运算符号,一般取算子"∧"或"∨";R 为要素 $X_1, X_2, X_3, \cdots, X_n$ 评判矩阵所组成的综合评价矩阵,R 可表示为:

$$\boldsymbol{R} = \begin{bmatrix} \boldsymbol{R}_1 \\ \boldsymbol{R}_2 \\ \boldsymbol{R}_3 \\ \vdots \\ \boldsymbol{R}_n \end{bmatrix} = \begin{bmatrix} R_{1,1} & R_{1,2} & R_{1,3} & R_{1,4} & R_{1,5} \\ R_{2,1} & R_{2,2} & R_{2,3} & R_{2,4} & R_{2,5} \\ R_{3,1} & R_{3,2} & R_{3,3} & R_{3,4} & R_{3,5} \\ \vdots & \vdots & \vdots & \vdots & \vdots \\ R_{n,1} & R_{n,2} & R_{n,3} & R_{n,4} & R_{n,5} \end{bmatrix} \tag{4-3}$$

式中：$R_{n,j}(n=1,2,3,\cdots,n;j=1,2,3,4,5)$代表$n$要素$j$级评价值。

(1) 水资源价值评价指标体系构建

①评价指标的选取原则

影响水资源价值的因素包括自然、社会、经济和生态等多方面的指标。在选取指标时，不仅需要考虑指标的代表性，还需要考虑指标的独立性，即选取的评价指标既要有一定的代表性，能够针对性地反映各类水资源的相关特点，各指标之间又要相互独立。此外，还需要考虑可操作性，即在实际评估过程中，选取的指标数据要方便收集和计算，易于量化。同时，从科学性和可操作性方面考虑，评价指标的数量应该控制在合理范围之内。指标数量过多，会导致评价成本过高；指标数量过少，可能导致缺乏代表性，计算结果无法客观反映各类水资源价值。

②黄河水资源价值评价指标体系

本书考虑黄河水资源价值特点，主要选择产水模数、产水系数和径流系数等径流量相关指标；在社会、经济和生态等方面，分别筛选人口密度、人均用水量、城镇居民日生活用水量、城镇需水比例、人均 GDP、地下水开采比例、耗水比例、万元 GDP 用水量、灌溉水有效利用系数、生态环境用水量等指标（表 4.2）。

表 4.2 黄河水资源价值评价指标体系

准则层	指标层
自然因素	人均水资源量/m³
	产水模数/(万 m³/km²)
	产水系数
	径流系数
社会因素	人口密度/(人/km²)
	人均用水量/m³
	城镇居民日生活用水量/(L/人)
	城镇需水比例/%

续表

准则层	指标层
经济因素	人均 GDP/万元
	地下水开采比例/%
	耗水比例/%
	万元 GDP 用水量/m³
生态因素	灌溉水有效利用系数
	生态环境用水量/亿 m³

③地下水资源价值评价指标体系

本书结合地下水的特点,考虑评价指标的代表性和可操作性,从自然、社会、经济和生态四个方面,主要选取地下水水质、人口密度、人均 GDP、地下水开采比例、地下水超采量、地下水资源量、地下水耗水量等评价指标(图 4.1)。

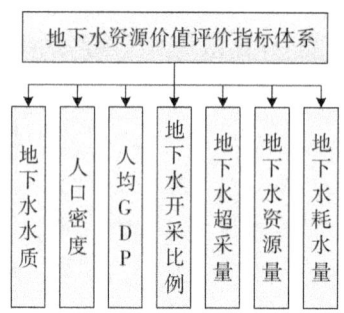

图 4.1　地下水资源价值评价指标体系

④当地地表水资源价值评价指标体系

本书结合当地地表水资源特点,考虑到评价指标的代表性和可操作性,主要选取山区地表水水质、人口密度、人均 GDP、农田灌溉亩均用水量、人均水资源量、地均水资源量、灌溉水有效利用系数、单位面积蓄水量等评价指标(图 4.2)。

(2) 隶属度确定

模糊数学的基本思想是隶属度概念,建立模糊数学模型的关键是建立符合实际的隶属函数。所谓的隶属函数就是给定论域 B,指定了 B 上的一个模糊集合 C,这是指对任意 $b \in B$,都有一个隶属程度 $\mu(0 \leqslant \mu \leqslant 1)$ 与之对应,称 μ 为 C 的隶属函数,记作 $\mu = C(b)$。隶属函数的确定有多种方式,如正态分布(降半

第4章 用水权价值实现机制研究

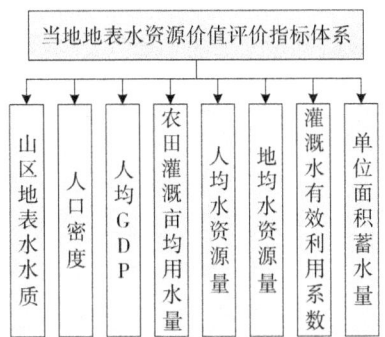

图 4.2 当地地表水资源价值评价指标体系

正态分布、升半正态分布)、梯形分布(降半梯形分布、升半梯形分布、中间梯形分布)、岭形分布、抛物型分布等。本书选用降半梯形分布,建立一元线性隶属函数计算各指标对不同评价等级的隶属度。以逆向属性(指标值越大,级别越低;反之级别越高)指标为例,其函数形式为:

当 $j=1$ 时,

$$\mu_{i,1} = \begin{cases} 1 & x_i \leqslant x_{i,1} \\ \dfrac{x_{i,2} - x_i}{x_{i,2} - x_{i,1}} & x_{i,1} < x_i < x_{i,2} \\ 0 & x_i \geqslant x_{i,2} \end{cases} \tag{4-4}$$

当 $j=2,3,4$ 时,

$$\mu_{i,j} = \begin{cases} 0, & x_i \leqslant x_{i,j-1} \\ \dfrac{x_i - x_{i,j-1}}{x_{i,j} - x_{i,j-1}}, & x_{i,j-1} < x_i \leqslant x_{i,j} \\ \dfrac{x_{i,j+1} - x_i}{x_{i,j+1} - x_{i,j}}, & x_{i,j} < x_i < x_{i,j+1} \\ 0, & x \geqslant x_{i,j+1} \end{cases} \tag{4-5}$$

当 $j=5$ 时,

$$\mu_{i,5} = \begin{cases} 0 & x_i \leqslant x_{i,4} \\ \dfrac{x_i - x_{i,4}}{x_{i,5} - x_{i,4}} & x_{i,4} < x_i < x_{i,5} \\ 1 & x_i \geqslant x_{i,5} \end{cases} \tag{4-6}$$

式中：x_i 为评价指标 i 的实际值；$x_{i,j-1}, x_{i,j}, x_{i,j+1}$ 为评价指标相邻两等级的标准值；$\mu_{i,j}$ 为评价指标 i 对指标等级 j 的隶属度。

(3) 指标权重的确定

水资源价值模糊评价数学模型中，权重反映了各评价指标对水资源价值的贡献。权重的确定方法主要有主观权重确定法和客观权重确定法两大类。其中，主观权重确定方法主要有专家评估法、层次分析法、模糊评价法等；客观权重确定方法主要有熵权法、主成分分析、因子分析法和变异系数法等。通过对比各权重确定方法的优劣性，本书选择熵权法计算指标的权重。

熵权法是一种度量不确定性的客观赋权法。在信息论中，不确定性程度的高低与熵值及熵值包含的信息量大小成正比。因此可通过计算熵值确定指标的离散程度，指标的离散程度与指标对综合评价所造成的影响大小成正比；也可用熵值判断一个事件的随机性及无序程度。计算步骤如下。

首先，进行指标归一化处理：

正向指标：
$$x'_{i,j} = \frac{x_{i,j} - \min x_{i,j}}{\max x_{i,j} - \min x_{i,j}} \quad (4-7)$$

负向指标：
$$x'_{i,j} = \frac{\max x_{i,j} - x_{i,j}}{\max x_{i,j} - \min x_{i,j}} \quad (4-8)$$

式中：$x_{i,j}$ 为指标原值，$x'_{i,j}$ 为 $x_{i,j}$ 经过处理后的数值，$\min x_{i,j}$ 为指标的最小值，$\max x_{i,j}$ 为指标的最大值。

其次，计算指标的熵值：

$$P_{i,j} = \frac{x_{i,j}}{\sum_{i=1}^{n} x_{i,j}} \quad (4-9)$$

$$H_j = -\frac{1}{\ln n} \sum_{i=1}^{n} P_{i,j} \ln P_{i,j} \quad (4-10)$$

式中：$P_{i,j}$ 为第 j 个评价因子第 i 项评价指标占该评价因子的权重；H_j 为指标的熵值，$0 \leqslant H_j \leqslant 1$。由此公式可看出，当 $P_{i,j}=0$ 时，$\ln P_{i,j}$ 无意义，故此时需修正 $P_{i,j}$，其定义如下：

$$P_{i,j} = \frac{1 + x_{i,j}}{\sum_{i=1}^{n}(1 + x_{i,j})} \quad (4-11)$$

最后，计算各指标权值：

$$A_j = \frac{1-H_j}{n-\sum_{i=1}^{n}H_j} \tag{4-12}$$

式中：A_j 为各指标权值，$\sum_{j=1}^{n}A_j=1, 0<A_j<1$。

(4) 综合评价

水资源价值综合评价公式为 $V=A\times R$。需要对评价结果 V 进行归一化处理：

$$V'=V/\sum_i V \tag{4-13}$$

2) 水资源价格评价模型

为实现水资源价值，需要引入价格向量，通过价格向量将水资源价值模糊数学综合评价的无量纲的"向量结果"转换为相应的水资源价格"标量值"。本书采用姜文来等(1998)提出的转换公式来计算水资源价格，具体公式为：

$$P_w = \boldsymbol{V'} \times \boldsymbol{S} \tag{4-14}$$

式中：P_w 为 w 类型下水资源价格；$\boldsymbol{V'}$ 为综合评价向量；$\boldsymbol{S}$ 为价格向量。

其中，价格向量 $\boldsymbol{S}$ 采用姜文来等(1998)提出的社会承受能力方法来确定。水资源价值越高，水价越接近承受能力上限。结合区域实际用水情况，对工业和农业的水价承受能力进行计算。

①工业水价承受能力

工业用水可承受水价分析通常将工业用水成本占工业产值的1%（高耗水工业企业为2.5%）作为评价标准；对于地下水而言，考虑到当前地下水管控要求，地下水的水量、水质等因素以及企业对地下水的支付意愿，选取相应比例作为工业用地下水资源成本支出承受指数来计算水资源成本上限。水资源成本上限计算公式如下：

$$P=R/W \tag{4-15}$$

式中：P 为工业可承受水价；R 为水费支出能力指数（即工业用水成本占工业产值的比例）；W 为工业万元产值用水量。

②农业水价承受能力

根据《农业水价综合改革试点培训讲义》，以农业水费支出占亩均产值比例的5%~10%、农业水费支出占亩均农业净收益比例的10%~13%作为农业水价承受能力的测算依据，分别确定两种情况下的承受能力，然后取最大值作为水价承受能力。计算公式如下：

$$C = \max\{A \times R, B \times r\} \quad (4-16)$$

式中：C 表示农业用水价格的最大承受能力；A 表示当地农户的亩均产值；R 表示当地农户生产中水费占产值的最大比例；B 表示农户的亩均净收益；r 表示当地农户生产中水费占生产净收益的最大比例。

进一步可得灌溉用水水资源价格上限为：

$$P = \frac{C}{E} \quad (4-17)$$

式中：E 为当前灌溉用水亩均定额。

③确定价格向量

由于不同区域水资源禀赋、水源、供需等具体情况不同，故各地需因地制宜确定当地的水资源价格。水资源价格介于水资源价格上限 P 与 0 之间，采用等差间隔距离法来划分价格区间，得到价格向量 $\boldsymbol{S} = (P, P_1, P_2, P_3, 0) = (P, 3/4P, 1/2P, 1/4P, 0)$。最后水资源价格可以根据转换公式(4-14)计算得到。

4.2.5 宁夏用水权交易基准价格测算

4.2.5.1 用水权价值上限确定

（1）工业水价承受能力

考虑到宁夏实际情况，工业水费支出占工业产值的 0.4% 左右，存在一定的提价空间。因此，选取 0.4% 作为宁夏工业黄河水资源成本支出承受指数；只有在地表水供给量略有不足时才会考虑地下水的使用，综合地下水的水量、水质等因素以及企业对地下水的支付意愿，选取 0.7% 作为宁夏工业地下水资源成本支出承受指数。宁夏 2020 年工业万元产值用水量为 35 m³，采用式(4-15)计算不同水源水资源成本上限，计算得到自治区工业黄河水资源成本上限为 1.143 元/m³，自治区工业地下水资源成本上限为 2 元/m³。

（2）农业水价承受能力

宁夏主要农作物中，粮食和经济作物的亩均投入及收入差别较大，需将农业中粮食和经济作物的水资源价值分别计算。粮食作物作为生活必需品，其用地表水和地下水价格统一；经济作物作为收益性种植，其用地表水取较小值作为价格上限，地下水取较大值作为价格上限。主要粮食作物的生产效益情况见表 4.3。

表 4.3　2020 年宁夏主要粮食作物生产效益情况

指标名称	小麦	水稻	籽粒玉米	马铃薯	小杂粮	青贮玉米
种植面积/万亩	139.4	91.2	484.1	142.7	161.4	163.8
面积占比/%	11.79	7.71	40.93	12.07	13.65	13.85
亩均产值/元	1 028.3	1 525.6	1 609.4	1 573.8	591.5	1 689.6
亩均投入/元	1 122.1	1 404	1 317.2	1 390.6	551	1 168.2
纯收益/元	−93.8	121.6	292.2	183.2	40.5	521.4
定额水量/(m³/亩)	310	830	290	0	0	300

粮食作物用水户水费承受能力以粮食种植水费支出占亩均产值的 10%、农业水费支出占亩均农业净收益的 13% 为标准,可得各粮食作物对应的水费承受能力及可承受水资源价格,根据各作物的面积占比进行加权求和可得农业水资源成本上限为 0.358 5 元/m³。

宁夏主要经济作物生产效益情况见表 4.4。经济作物用水户水费的承受能力以经济作物种植水费支出占亩均产值的 5%,农业水费支出占亩均农业净收益的 10% 作为测算依据,可得各经济作物对应的水费承受能力及可承受水资源价格,并根据各作物种植面积的占比进行加权求和得到经济作物地表水资源成本上限为 0.934 8 元/m³,地下水资源成本上限为 1.462 3 元/m³。

表 4.4　2020 年宁夏主要经济作物生产效益情况

指标名称	冷凉蔬菜	设施蔬菜	供港蔬菜	硒砂瓜	枸杞	酿酒葡萄
种植面积/万亩	119.6	51.7	25.7	69.7	35	49.2
面积占比/%	34.08	14.74	7.32	19.86	9.98	14.02
亩均产值/元	7 513	19 745	13 552	2 391.9	7 200	2 275
亩均投入/元	3 321	9 386	10 510	1 498	4 914	2 388
纯收益/元	4 192	10 359	3 042	893.9	2 286	−133
定额水量/(m³/亩)	300	360	600	120	500	260

4.2.5.2 水资源价值评估

(1)黄河水资源价值

采用式(4-2)的水资源价值综合评价方法,根据黄河水资源价值评价指标体系(表4.2),提出黄河水资源价值评价指标阈值,根据式(4-4)～式(4-6)计算各指标的隶属度,并采用熵值法计算各指标的权重,结果见表4.5。

表4.5 黄河水资源价值评价指标分级评分阈值

准则层	指标层	属性	多年平均值	高	较高	中等	较低	低	指标权重
自然因素	人均水资源量/m³	逆	167.48	150	250	400	600	1 200	0.043 6
	产水模数/(万 m³/km²)	逆	21.92	15	20	35	60	80	0.045 0
	产水系数	逆	0.07	0.25	0.35	0.45	0.55	0.65	0.105 6
	径流系数	逆	0.05	0.10	0.20	0.35	0.45	0.55	0.048 9
社会因素	人口密度/(人/km²)	正	135.56	300	200	100	50	0	0.068 6
	人均用水量/m³	正	995.43	800	700	600	500	300	0.037 9
	城镇居民日生活用水量/(L/人)	正	168.02	300	250	200	150	100	0.045 6
	城镇需水比例/%	正	44.21	80	70	60	50	40	0.044 3
经济因素	人均GDP/万元	正	4.66	10	8	6	4	2	0.055 7
	地下水开采比例/%	正	8.57	50	20	10	5	1	0.053 2
	耗水比例/%	正	52.59	60	55	50	45	40	0.047 3
	万元GDP用水量/m³	正	105.60	120	95	70	45	20	0.164 2
生态因素	灌溉水有效利用系数	逆	0.52	0.30	0.40	0.50	0.60	0.70	0.068 8
	生态环境用水量/亿 m³	逆	2.42	1	2	3	4	5	0.112 4

按照式(4-13)计算宁夏黄河水价值,并进行归一化处理,计算得到结果 $V' = (0.344\ 2, 0.262\ 6, 0.253\ 9, 0.119\ 4, 0.019\ 9)$。根据水资源价值评价等级,构造向量 $T = (5, 4, 3, 2, 1)^T$,则宁夏黄河水资源价值模糊综合评价指数为: $W_\text{黄} = V' \cdot T = 3.791$。

(2)地下水资源价值

采用式(4-2)的水资源价值综合评价方法,根据地下水资源价值评价指标体系(图4.1),提出地下水资源价值评价指标阈值,根据式(4-4)～式(4-6)计算各指标的隶属度,并采用熵值法计算各指标的权重,结果见表4.6。

表4.6 地下水资源价值评价指标分级评分阈值

指标层	属性	多年平均值	高	较高	中等	较低	低	指标权重
地下水水质	正	3.40	5	4	3	2	1	0.341
人口密度/(人/km²)	正	116.06	300	200	100	50	0	0.120
人均GDP/万元	正	2.20	10	8	6	4	2	0.125
地下水开采比例/%	正	8.57	50	20	10	5	1	0.114
地下水超采量/m³	正	2 069.80	3 000	2 500	2 000	1 500	1 000	0.104
地下水资源量/万 m³	逆	19.06	15	20	35	60	80	0.090
地下水耗水量/亿 m³	逆	2.73	2	4	8	12	16	0.106

按照式(4-13)计算宁夏地下水价值评价结果,并进行归一化处理,计算得到结果 $\boldsymbol{V}'=(0.774,0.110,0.033,0.081,0)$。根据水资源价值评价等级,构造向量 $\boldsymbol{T}=(5,4,3,2,1)^\mathrm{T}$,则宁夏地下水资源价值模糊综合评价指数为:$W_{地下水}=\boldsymbol{V}'\cdot\boldsymbol{T}=4.500$。

(3) 当地地表水资源价值

采用式(4-2)的水资源价值综合评价方法,根据当地地表水资源价值评价指标体系(图4.2),提出当地地表水资源价值评价指标阈值,根据式(4-4)～式(4-6)计算各指标的隶属度,并采用熵值法计算各指标的权重,结果见表4.7。

表4.7 当地地表水资源价值评价指标分级评分阈值

指标层	属性	多年平均值	高	较高	中等	较低	低	指标权重
山区地表水水质	正	2.80	5	4	3	2	1	0.171
人口密度/(人/km²)	正	116.06	300	200	100	50	0	0.097
人均GDP/万元	正	2.20	10	8	6	4	2	0.101
农田灌溉亩均用水量/m³	正	181.80	1 000	800	650	550	450	0.147
人均水资源量/m³	逆	402.85	150	250	400	600	1 200	0.132

续表

指标层	属性	多年平均值	指标评分标准					指标权重
			高	较高	中等	较低	低	
地均水资源量/(万 m³/km²)	逆	4.69	15	20	35	60	80	0.129
灌溉水有效利用系数	逆	0.71	0.30	0.40	0.50	0.60	0.70	0.129
单位面积蓄水量/m³	逆	0.49	2	4	6	8	10	0.093

按照式(4-13)计算宁夏地表水价值,并进行归一化处理,计算得到结果 $V' = (0.846, 0, 0.010, 0.001, 0.144)$。根据水资源价值评价等级,构造向量 $T = (5, 4, 3, 2, 1)^T$,则宁夏地表水资源价值模糊综合评价指数为: $W_{地表水} = V' \cdot T = 4.406$。

4.2.5.3 宁夏用水权基准价测算

根据不同水源用途,在进行用水权基准价测算时,先进行黄河水、地下水和山区地表水三种水源基准价测算,再将水资源用途分为工业用水和农业用水,其中农业分为粮食作物和经济作物两类,分别测算用水权基准价。不同水源计算方法均相同,以黄河水为例进行说明。

(1) 工业用水权基准价

由上述计算结果可知,自治区工业黄河水资源成本上限为 1.143 元/m³。构造水资源成本向量,得到平均工业水资源成本 $P_黄$ 为 0.798 元/m³。

(2) 农业用水权基准价

①粮食作物类

由上述计算结果可知,自治区粮食作物类种植水资源成本上限为 0.358 5 元/m³。构造水资源成本向量,得到平均粮食作物种植水资源成本 $P_黄$ 为 0.252 元/m³。

②经济作物类

由上述计算结果可知,自治区经济作物种植水资源成本上限为 0.934 8 元/m³。构造水资源成本向量,得到平均经济作物种植水资源成本 $P_黄$ 为 0.652 元/m³。

综上所述,不同水源的不同用途都会影响用水权基准价(表4.8)。

表4.8 宁夏不同水源用水权基准价

水源	用途		基准价/(元/m³)
黄河水 (含川区地表水)	工业用水		0.798
	农业用水	粮食作物种植	0.252
		经济作物种植	0.652
地下水	工业用水		1.791
	农业用水	粮食作物种植	0.320
		经济作物种植	1.309
山区地表水	工业用水		0.973
	农业用水	粮食作物种植	0.305
		经济作物种植	0.796

4.3 用水权的金融属性及融资功能分析

4.3.1 用水权的金融属性分析

4.3.1.1 用水权市场与金融市场具有相似性

(1) 交易标的

第一,用水权是一种特殊的财产权,属于用水权人资产,可借鉴"资产证券化"的思路,允许用水权入市交易,通过在水权市场上自由买卖,使本身缺乏流动性的用水权具有流动性,从而赋予用水权融资功能,实现用水权资产的"证券化"。第二,从制度体系分析,水银行作为一种新型的水资源市场化管理方式和用水权交易管理机构,以水资源为经营对象,通过企业化运作方式,以调水成本、水资源稀缺程度以及区域经济社会发展水平等作为利率的浮动因素,是促进用水权市场交易与合法转让的一种制度体系;通过水银行,可实现不同区域、不同部门、不同用水户之间的用水权交易,将用水权市场上闲置的用水权调剂给有用水需求的用水户,并大幅降低用水权出让方和受让方的交易成本;这与银行调节货币余缺,使社会闲置资本得到高效利用,从而优化资金配置,使其发挥最大效用类似。第三,用水权交易平台是为规范用水权交易,活跃用水权交易市场,提高水资源配置效率和效益等目标而为用水权交易各方提供相关服务的场所或机构,交易平台承担发布信息、水价,撮合交易的中介作用;与此类似,中国水权交易所在用水权交易中主要负责为用水权交易提供场所、设施、信息和资金结算服务,履行交易鉴证职能,与我国金融市场中的上海证券交易所、深圳证券交易所、北京证券交易所功能有相似之处。

(2)交易监督管理

根据《水法》等相关法律,国务院代表国家行使水资源所有权,各级水行政主管部门具体承担初始水权分配、用水权交易监管等职责。在金融市场中,中国人民银行通过买进或卖出有价证券、吞吐基础货币来达到社会货币总需求与总供给的均衡,从而保持货币币值的稳定;在金融市场业务中,市场资金或市场工具的供给方和需求方在金融中介机构中进行交易,中国人民银行(以下简称央行)、国家金融监督管理总局和中国证券监督管理委员会(以下简称中国证监会)对交易进行监督。可见,用水权交易市场与金融市场的不同点在于各级水行政主管部门既扮演用水权初始分配者的角色,又承担交易监管的职责,而在金融市场中,除央行是金融业务参与机构和监管机构外,监管职责主要由国家金融监督管理总局和中国证监会承担。

(3)市场运行机制

用水权交易平台在市场运行中承担着重要作用。当用水权市场需求难以释放、市场过度沉寂时,交易平台管理机构或平台公司通过买进或卖出用水权,提高水资源配置效率,带动水资源价值实现;当用水权市场过度投机时,交易平台管理机构或平台公司需要作出与投机者相反的操作,从而稳定用水权交易价格,避免水权市场过度波动。在金融货币市场,当货币流动性不足时,央行通过公开市场业务买进有价证券,扩大基础货币供给,增加金融机构的可用货币数量,从而增加货币流动性;当货币流动性过剩、资金周转过度时,央行则通过公开市场卖出有价证券,回收部分基础货币,减少金融机构的可用货币数量,从而降低货币流动性。可见,用水权交易管理机构或平台公司与央行的管理目标类似,都是为了保持市场交易稳定;两者的区别在于实施主体性质不同,央行能够自由调节货币总量,而用水权管理机构或平台公司只有在拥有一定的自由资金和水权储备的前提下才能灵活参与用水权回购或出售业务。

(4)交易市场管控机制

用水权交易市场与金融市场类似,都需要接受政府监督和管理,在市场机制发挥作用的同时,政府也发挥着重要宏观调控作用。用水权交易市场与金融市场管制的相似性主要体现在三个方面:一是管制目的相似性。两个市场管制目标均是提高资源配置效率,维持交易市场稳定运行,在充分发挥资源经济效益的同时,保障市场参与主体的合法权益。二是管制主体的相似性。用水权交易管制主体是各级水行政主管部门,金融市场管制主体则是中国人民银行、国家金融监督管理总局、中国证监会等专业机构,具体负责金融市场的监督管理。三是管制路径的相似性。从管制路径来看,用水权交易强调的是确认用水权交易主体资格、交易水量、交易价格、交易规则等;金融市场中,货币政策和财政政策重点针对货币的适量流通及如何通过政策引导资金流最大程度发挥效益。

(5) 市场架构

用水权市场可以分为一级市场和二级市场。其中,一级市场主要指在初始用水权分配基础上,开展跨市县、跨行业、跨灌域及政府收储的用水权交易;二级市场主要为县域内农户间用水权交易。金融市场的一级市场也称为初级市场,也即有价证券的首发市场;金融市场的二级市场即流通市场,指有价证券发行后进行交易和买卖的场所。可见,用水权市场和金融市场均需要通过初始用水权分配或一级市场交易之后才能够进入二级市场交易,不同之处在于用水权一级市场主要由政府通过行政手段进行分配,而金融一级市场则主要通过市场竞争进行分配。

4.3.1.2 用水权金融市场的构成要素

用水权金融市场的构成要素包括交易主体、交易客体、金融工具(产品)、中介机构、监管机构等。

(1) 交易主体

用水权市场交易主体主要指参与用水权交易的行为主体,包括出让方、受让方等。其中,出让方主要是在初始用水权分配中获得并持有用水权的相关权利人,包括区、市、县(市、区)政府,工业、农业用水户等;受让方是有用水需求但现状并不持有用水权的各类用水户,主要包括各类工业、农业用水户。在一些情况下,县级以上人民政府也有可能成为受让方,进行水权的收储或回购。此外,随着用水权交易市场的不断完善,近年来部分地区用水权交易市场出现了用水权托管机构。托管机构的主要作用是实现少量分散用水权的规模化运营,从而起到提高用水权流通性的作用。

(2) 交易客体

用水权交易客体也就是用水权交易标的物,其必须满足法定化、数量化、利益化等要求。从权利本身来看,具体是指用水权人依法获取的一定份额的水资源使用权;从标的物自身来看,具体是指一定份额的水资源。

(3) 金融产品

金融产品指在金融市场中可交易的金融资产，是贷者与借者之间融通货币余缺的书面证明，其最基本的要素为支付的金额与支付条件，具体可分为原生性金融工具（股票、债券、利率、汇率）和衍生品金融工具（期货、期权、远期、互换等）。习近平总书记提出的"绿水青山就是金山银山"理论，为水资源商品的市场化和金融化提供了理论指导和实现路径。水资源作为一种新型资产，如何在用水权市场交易中合理开发金融产品来灵活管理水资源资产，并实现其保值增值，是今后用水权市场化改革需要研究的重要问题之一。

(4) 中介机构

用水权交易市场的中介机构主要包括各级用水权交易管理机构、管理平台以及用水权信息咨询服务公司等。目前我国用水权交易平台自上而下的布局呈现金字塔形态，国家、省级及省级以下分别设立了专门的用水权交易平台，主要承担用水权交易信息发布与咨询、技术评价、交易撮合、用水权收储与转让等功能。同时，在市场运行过程中，交易主体为降低用水成本或提高节水效益，催生了大量关于用水权交易双方、价格、交易水量、交易用途等相关信息的需求，因此用水权信息咨询服务公司及相关法律事务机构也相继成立，从而在一定程度上减少了交易过程中信息不对称造成的交易不畅等问题，增强了市场透明度和公信力。

(5) 监管主体

根据我国水权制度和水资源管理体制，水利部、流域管理机构和地方各级水行政主管部门承担用水权交易市场监督和管理职责，水资源管理司及相关司局负责国家层面水权制度建设并监督实施，黄河水利委员会（以下简称黄委）承担跨省用水权交易监督管理职责、黄委发证的取用水户水权转换项目监督检查职责等，宁夏回族自治区主要承担一级市场用水权交易监管职责。通过加强用水权交易监督管理，可以有效确保用水权确权、定价、交易等关键环节的公平、公正、公开，保障交易双方和第三方利益，避免用水权交易产生严重的负外部性问题，保障交易资金安全，有效发挥市场配置水资源的作用，整体提升配置效率和效益。

4.3.2 用水权融资功能研究

随着水权交易市场体制机制的日益完善，水权的金融属性也逐渐得到挖掘，包括水银行、用水权期权、用水权期货、用水权保险、用水权基金、用水权债券等。

(1) 水银行

目前国内外学者对水银行的概念内涵尚未形成统一认识，多数学者将水银行视作一种新型的水资源市场化管理方式或水权交易管理机构。从资源配置的角度来看,水银行的本质是联系水资源供给方和需求方的中介机构,水银行在用水权交易中担任经纪人、清算所和造市者角色,交易模式属于现货交易。一方面,水银行通过价格杠杆保障优势产业的用水需求,推动区域产业结构优化调整;另一方面,公开有效的用水权竞价交易机制有助于增强用水户节水内生动力,进一步提高水资源利用效率,促进水资源保值增值。

从应用实践来看,水银行最早于1979年出现在美国西部艾奥瓦州,通过租赁水域来存储农业剩余的水资源,并用于满足工农业和公共用水需求,节约了供水成本,提高了供水保证率;目前,美国已有10个州建立了水银行,其成为缓解西部和南部地区水资源短缺,提高水资源供需匹配程度的重要手段。澳大利亚、以色列等干旱缺水国家较早建立了水银行。此外,西班牙、比利时、英国等国家,也相继建立了利用地下水含水层空间蓄水和调水的水银行,使水资源在售水方、水银行、用水户三方之间得到有效流转,不仅缓解了水资源供需矛盾,也改善了区域生态环境。

(2) 用水权期权

水权期权是一种标准化的合约或协议,规定买方有权在未来某一特定时间或特定时期内以约定的价格从卖方处购买指定份额水资源使用权。在水权期权交易中,买方为了取得用水权,需要向卖方支付权利金作为补偿。买方通过支付权利金获得水资源使用权,只有在执行该期权时才能取得相应份额的实物水资源;若买方选择执行水权期权,通常需要事先通知卖方。在期权到期日,卖方有义务在买方要求执行期权时,按合约或协议规定的价格出售指定的水量。

用水权期权在一定程度上可规避现货交易中由水资源的不确定性带来的供水风险及水价波动风险;可降低供需双方的信息搜索成本和资金占用成本;作为一种中短期交易,可有效增加水资源配置的灵活性。此外,用水权期权还具有价格发现功能。当市场中水资源供求关系发生变化或相关因素发生变化时,供需双方都面临着水价变动的风险,通过双方协商,可以制定双方都满意的合理价格,据此达成交易。

(3) 用水权期货

期货是一种远期的"货物"合同,合同成交后即承诺在未来指定日期或时期买进或卖出一定量的"货物"。用水权期货是用水权的一种交易方式,交易标的是一定份额水资源的使用权,并按照约定在到期日实施交割。期货合约是双向合约,交易双方都要承担合约到期交割的义务,如果不愿交割,则必须在有效期内反向交易平仓。

2014年3月,澳大利亚Waterfind在线市场营业,水期货正式上线,并有1 650亿L水期货合同完成了交易,标志着水资源作为期货商品正式成为现实。2020年12月,美国芝加哥商品交易所宣布推出全球首张水价格期货合约,该合约与价值11亿美元的加州现货水市场相关,并以纳斯达克韦莱斯加利福尼亚水指数(NQH2O)作为标的进行交易结算,并且不强制要求水资源实物交割,市政机构和对冲基金等均可参与。

(4) 用水权保险

用水权保险是指用水权出让方向保险公司缴纳一定数额的保费,一旦发生承保事件,便可以通过保险赔偿机制将损失进行分散。考虑到水资源的产权属性,用水权保险属于财产险;考虑到水资源的外部性特征,用水权保险不仅要实现经济效益目标,也需要考虑社会公共利益,开发水环境责任险、意外灾害水责任险、水工程经营责任险等不同类型险种。其中,水环境责任险可用来规避由水环境污染所引起的损失或灾害的风险,意外灾害水责任险可以规避因洪水等需提前放空库容造成的经济损失,水工程经营责任险则可以预防水利工程项目建设、运行过程中潜在的不确定性风险。

(5) 用水权基金

通过节水工程建设等工程建设节余出的水量是用水权交易的重要组成部分。节水工程建设和运行维护需要投入大量资金,用水权基金可为节水工程等相关项目建设提供工程建设资金,其主要作用是吸收社会闲散资金用于用水权交易相关的工程项目建设在内的水利水务投资。如澳大利亚于2016年在澳交所成功挂牌首只水权基金Duxton Water,主要投资于墨累-达令流域水权相关资产。2018年,当时我国国内规模最大的水基金千岛湖水基金正式启动,基金由阿里巴巴公益基金会、民生人寿保险公益基金会共同发起,万向信托作为受托人,大自然保护协会(TNC)作为科学顾问。该基金主要致力于减少农业面源污染,探索流域面源污染治理的长效机制,推进千岛湖水源地保护,以金融平台工具整合公益与商业资源,建立政府、企业、社会多元共治的生态保护模式。

(6) 用水权债券

用水权债券是指用水权人以用水权作为抵押发行债券,向社会筹措短期或中长期资金,并在到期之时采用一次结清或分期偿还的方式还本付息。用水权抵押(质押)融资是指用水权人与债权人以书面形式约定或签订合同,将用水权作为债券的担保,或以用水权形式参与企业出资入股,从而获得融资。目前,用水权抵押(质押)融资已有不少实践案例,如南水北调东、中线一期主体工程以水费收费权作为抵押品,从国家开发银行等七家银行共筹措488亿元贷款;鄂州市水务集团公司以水库灌溉权为质押物,从国家开发银行湖北分行获得 2 000 万元贷款;以水资源经营权作为抵押物,中国农业银行什邡支行向冰川水务投资有限公司提供 15 年一般固定资产投资贷款 2 亿元,用于"什邡市八角水库"项目建设。总体而言,将用水权作为抵押物(质押物),开发绿色金融产品,为用水权市场化注入了新的动力。

4.3.3 宁夏用水权绿色金融改革创新举措

4.3.3.1 用水权绿色金融改革法律依据

宁夏用水权绿色金融创新有坚实的法律法规体系作为支撑。《民法典》物权编和用益物权分编为清晰界定水资源所有权、取水权、用水权的权属关系提供了法律依据,从而为用水权确权奠定了法理基础;《民法典》担保物权分编中关于抵押权和质权的规定,可以为用水权作为抵押物(质押物)提供法律依据;《民法典》关于合同的有关规定也可为用水权作为期权、期货、基金、保险等不同类型金融产品提供法律依据。

《民法典》第三百九十五条明确了抵押财产的范围,虽然仅明确列出建设用地使用权、海域使用权等属于抵押财产范围,未直接列出用水权,但同时在第七款中指出,法律、行政法规未禁止抵押的其他财产也可纳入抵押财产的范围,从而为《水法》提供了修改空间。对于质权,《民法典》针对动产质权和权利质权分别进行了规定,如第四百二十六条规定了禁止质押的动产范围,即法律、行政法规禁止转让的动产不得出质,显然,用水权不属于禁止质押的范围;第四百四十条明确了权利质权的范围,包括债券,可以转让的基金份额、股权等,并在第七款中指出,法律、行政法规规定可出质的其他财产权利均属于权利质权的范围。可见,用水权作为一种财产权,用水权债券、用水权基金,以及相关金融衍生品均可纳入权利质权的范围。

总之,《民法典》在为宁夏用水权绿色金融创新提供法律支撑的同时,也给《水法》等行政法提供了可操作的修改空间。因此,建议加快推动《水法》中相关条款的制定和修订,为用水权绿色金融创新提供行政法层面的支撑。

4.3.3.2 具体创新举措

在实践层面,宁夏新一轮用水权改革聚焦用水权资源要素赋能,以服务实体、注重实效、防控风险为原则,探索将用水权作为合格质押物,大力创新符合用水权项目属性、模式和融资特点的金融产品和服务模式,印发《宁夏回族自治区金融支持用水权改革的指导意见》,赋予了用水权更大的商品属性、市场属性、金融属性,为用水权改革相关项目和主体提供高效优质、成本较低、风险可控的综合金融服务。宁夏印发《自治区四权抵押贷款贴息资金管理办法》。用水权抵押从金融机构获得1年期以上(含1年期)贷款,财政部门按照贷款额度每年给予2%贴息支持。水利部门负责用水权贴息项目库建设和贴息资金的具体审核工作,财政部门复核无误后向申报企业拨付资金。

(1) 提升各行业节水金融支持力度

①全面提升高效节水农业的金融支持力度

引导政策性银行加大对农业基础设施建设、高标准农田建设、农业水资源综合利用等项目的中长期资金投入,主动参与项目融资方案设计;引导和支持农民专业合作组织、农业产业优势龙头企业、种养殖大户等作为承贷主体,采取"合作社＋农户""企业＋基地＋农户"等多种信贷模式,加大对农田水利设施建设的金融支持。鼓励涉农金融机构根据区域内灌溉用水户和规模化种养殖大户用水权交易特点和发展需求,创新推出农户、种养殖户用水权抵押(质押)贷款等信贷产品。鼓励银行机构联合融资租赁公司发展大型水利基础设施设备和中小农田水利灌溉系统融资租赁服务。

②加强工业节水改造金融支持力度

引导国有商业银行和股份制商业银行围绕节水型工业园区和节水型企业达标建设,借鉴国内相关省级行政区做法,创新研发"节水贷""水权贷"等金融产品,为工业企业开展节水技术改造、供水管网改造、废污水资源化利用、矿井水深度处理、节水基础设施建设、节水服务等项目提供资金支持。鼓励各银行机构向用水权收储机构提供融资授信,加大对特色工业产品的节能节水、资源综合利用等共性技术研发推广的支持力度;引导各金融机构按照"区别对待、有扶有控"的原则,对"零排放"工业企业和节水型达标企业,在降低信贷准入门槛、下浮贷款利率、扩大信贷规模、降低担保费等方面给予优惠支持,对高耗水产业新建、改建、扩建项目从严把关,引导节水技术升级,促进水资源高效利用。

③优化金融对城乡供水工程建设支持力度

鼓励银行机构针对融资规模较大的城乡供水安全工程开展银团贷款和联合贷款,满足项目建设资金需求。支持政策性银行通过"特许经营供水收入＋企业综合收益""统贷统还""统担分贷"等模式向供水公司提供贷款,加大城镇供水管网改造支持力度,深入推动自治区"互联网＋城乡供水"示范区建设。鼓励各银行机构在利率、期限、额度和贷款条件方面,对污水处理再生利用等项目给予优惠支持。支持银行机构将再生水使用权和交易权作为合格质押物,研发相关信贷等金融产品,支持相关市场主体改进污水处理技术和工艺。中国农业发展银行宁夏回族自治区分行发挥"水利银行"特色品牌优势,为清水河流域城乡供水工程项目审批贷款7亿元并实现贷款投放2.8亿元,在贺兰县探索推行"水权交易＋供水收入"模式,通过将建成后项目收益,即农业灌溉服务、农业增值服务、节水交易等收入作为第一还款来源,有力解决农业灌溉项目建设现金流不足问题,使该县由传统灌溉向现代灌溉转变。

(2) 积极开发用水权金融产品

加强金融机构、水利、农业、工业等相关行业和部门间的信息交流,针对农业水利、工业节水改造、城乡水务"投融建管养运"一体化运行的市场主体,研究制定金融综合服务方案,综合运用固定资产贷款、流动资金贷款、银团贷款、商业保理、信用证、融资担保等多种金融工具,为用水权金融化提供支持。

支持金融机构开发用水权质押贷款等金融产品,为水资源供、用、排,污水处理再生利用等项目提供资金保障。鼓励金融机构与节水服务企业合作开展绿色信贷,探索运用互联网＋供应链金融方式,加大对合同节水管理项目的信贷资金支持。结合用水权确权及用水权交易体系机制建设,推动各银行机构适时探索开发用水权节余指标质押贷款。对于具有未来收益的经营性水利项目,鼓励其以项目未来的收益或收费等经营收益为担保,开展水利项目收益权质押贷款。截至2023年底,全区20个县(市、区)及宁东基地33家银行开展用水权质押、授信、贷款实际案例41笔,共发放贷款6.46亿元,推动水资源向"水资产"转换。宁夏银行在泾源县以"用水权证"为质押,向泾源县兴盛乡下金村肉牛养殖专业合作社发放宁夏首笔农业用水权质押贷款110万元,将零散的水资源集中化收储整合成优质资产包。

建立完善的政策性农业保险制度,对农田水利设施、机具、水资源提供政策性保险服务。引导保险机构创新涉水工程保险产品,增强保险在用水权改革领域的渗透支持,有效发挥保险的风险分散和经济补偿功能。

(3) 拓宽用水权项目融资渠道

支持符合条件的水利、水务企业公开发行股票并上市融资,发行短期融资券、中期票据、集合债券、企业(公司)债券、非金融企业债务融资工具等直接融资产品,进一步拓宽项目资金来源渠道。建立和完善中小水利、水务企业直接债务融资担保机制,协调落实中小水利、水务企业进行债务融资的风险缓释措施。探索将持有资质的水资源项目建设方作为融资主体,引导更多金融资金支持农业水利、城乡供水、水资源节约集约利用,加大对经营性水利项目、城乡供水工程、污水处理回用项目的融资支持。鼓励保险机构支持符合保险资金运用条件的水利建设入险,引导保险资金用于水利建设和股权投资。

(4)健全用水权融资配套服务机制

①健全用水权融资风险缓释和补偿机制

鼓励有条件的市、县(市、区)探索建立风险补偿专项资金,建立用水权质押贷款风险缓释及补偿机制。鼓励地方政府通过资本注入、风险补偿和奖励补助等方式,引导有实力的政府性担保机构通过再担保、联合担保以及担保与保险相结合等多种方式,积极提供经营性水利建设融资担保。鼓励保险公司开展水利保险,稳妥开展贷款保证保险业务,在风险可控的前提下,发挥保险增信对信贷投放的促进作用。

②拓宽质押物范围和还款来源

支持以水利、水电、供排水资产、水费收费权以及水资源经营权收益等作为还款来源和质押担保物,推动用水权对应的水资源份额权益及未来收益权成为合格质押物,探索用水权回购等模式解决质押物处置问题。允许水利建设贷款以项目自身收益、借款人及其他经营性收入作为还款来源;允许特许经营供水收入、节余指标成本回收款等作为还款来源。国家开发银行宁夏分行助力宁夏宁东开发投资有限公司以市场化水权交易方式,获得永宁县 2 000 万 m^3 取用黄河水节水指标,解决宁东能源化工基地新增工业项目用水困局,并以该公司向宁东基地内新增工业企业收取的水权转让收入作为项目贷款主要还款来源。

③制定用水权抵押贷款补贴政策

自治区财政厅会同水利厅等九部门印发了《自治区四权抵押贷款贴息资金管理办法》,明确设立用水权抵押贷款贴息资金,专项用于企业使用用水权抵押贷款贴息。补贴的对象为企业使用用水权,从金融机构获得的 1 年期以上(含 1 年期)贷款,补贴标准为财政部门按照贷款额度每年给予 2% 贴息支持,贴息资金逐年算账,按年度或到期后一次性拨付。同时,规定了自治区相关厅局,各市、县(市、区)相关部门的职责分工,明确了补贴资金申报与拨付程序,提出了补贴资金绩效管理要求,制定了资金监督检查具体举措,进一步增强了用水权的金融属性和融资功能。

④完善用水权质押融资风险防控机制

积极推动银行等金融机构利用中国人民银行动产融资统一登记公示系统进行用水权质押贷款登记、备案、公示和查询,加强用水权质押贷款押品监管;建立质押物处置机制,做好风险保障。完善用水权金融统计制度,加强相关金融风险预警监测和跟踪分析,有效防范信贷违约风险。加强用水权交易信用体系建设,实行企业信用信息共享,完善失信行为认定、失信联合惩戒、信用修复等机制。

⑤培养专业化金融人才队伍

鼓励地方政府积极引进外部绿色金融专业人才,同时,开展多种方式的培训,培养一批懂水利、用水权改革的金融人才队伍,为用水权相关项目、企业融资等提供贷前专业咨询、贷中专业服务及贷后专业管理。支持建立用水权信贷、保险、融资租赁、融资担保风险评估队伍。

(5) 宁夏用水权绿色金融改革典型案例

贺兰县是建设黄河流域生态保护和高质量发展先行区示范县,在本轮用水权改革中,针对企业通过单一的用水权指标进行抵押融资,额度普遍不高的问题,创新性地提出了用水权组合担保贷款的融资模式,在不影响企业生产的前提下,通过将企业自身或第三方确权颁证的用水权作为混合抵押的担保物之一,有效提升企业综合授信额度的同时拓宽了抵(质)押物范围和还款来源。以宁夏北伏科技有限公司为例,该公司在中国银行贺兰支行原贷款金额为 800 万元,通过宁夏北方高科工业有限公司确权水量办理了抵押增信贷款,由水务局出具《贺兰县用水权抵(质)登记备案证明》,明确中国银行贺兰支行用水权抵押权利人身份证明后,其贷款额度增加至 1 000 万元。此举切实帮助企业解决了资金不足的困难,推动金融支持用水权改革落地见效。

此笔用水权抵押贷款的成功办理,标志着企业通过用水权进行融资增信成功开启,用水权改革资源赋能取得新突破。用水权抵押贷款让企业"沉睡资产"变成了"流动资本",拓宽了企业贷款抵押物范围,实现银企发展和风险防控的双赢的同时,赋予用水权金融属性,丰富贷款担保方式,增加了授信融资额度,提升了用水权价值,为金融支持用水权改革高质量发展提供有力支撑。

第5章 用水权交易制度体系构建与交易模式

5.1 用水权交易中市场与政府的角色与作用

用水权交易的核心问题是处理好政府和市场的关系,用水权市场建设要坚持政府和市场"两手发力",推动有效市场与有为政府更好结合,更好地发挥市场在水资源配置中的作用,通过市场需求引导创新水资源优化配置,这是我国水资源制度改革的重要方向。

5.1.1 政府的角色与作用

用水权从所有权剥离后,为用水权成为商品并入市交易奠定了基础。在用水权交易市场中,政府同时承担水资源国家所有权行使人、行政管理者、用水权主体三种角色。其中,后两种角色与用水权市场建设关系最为密切。作为行政管理者,政府代表国家履行水资源行政管理和监督职责,在水资源最大刚性约束框架下,围绕合理分水、管住用水、控制总量、盘活存量、有偿取得、有偿使用等方面进行制度设计,实现水资源"取—输—供—耗—排"全过程监管(陈茂山等,2020),主要通过《水法》《取水许可和水资源费征收管理条例》等法律法规调整和规制;作为用水权主体,政府按照上级管理机构分配的初始用水权(用水总量控制指标)及水资源管理要求取、用、耗、排水,依法参与用水权收储、交易等活动,并受相应涉水法律法规约束。

5.1.1.1 用水权交易制度体系的建设主体

制度是为规范社会公众行为而制定的一系列法律、法规、准则或规则。用水权交易制度体系由多项制度构成,制度建设的意义在于规制出让方和受让方的交易行为,降低信息成本和不确定性,减少或消除阻碍交易的因素,促进交易双方收益及社会收益的最大化。政府作为行政管理和监督者,是用水权交易制度建设的主体。为了建立"归属清晰、权责明确、流转顺畅、监管有效"的用水权交易市场,政府主要通过三种路径在交易制度体系建设中发挥作用。

(1) 开展用水权交易基本制度顶层设计

用水权交易基本制度主要包括五个方面:①衔接现行涉水法律法规,开展制度改革,建立健全用水权交易相关法律法规体系,确保交易满足水资源节约、管理、保护等相关要求;②明确界定用水权交易主体、客体,规定交易主体准入条件,明确可交易水量边界范围及相关限定条件,制定用水权交易规则,明确交易方式、交易内容、交易程序等;③组织建立用水权交易平台;④建立用水权交易价格形成机制,充分考虑水资源的稀缺价值和交易双方承受能力,构建用水权交易价格体系;⑤制定用水权交易相关激励政策制度。

(2) 构建用水权交易监管制度

用水权交易监管制度是用水权交易制度的重要组成部分。主要包括四个方面:①构建用水权交易信息公开制度,用水权出让方在交易前将其拟转让的用水权所包含的水资源份额、来源、价格等信息公开和公布,接受当地民众的监督,防止损害第三方利益或出现外部性影响;②构建用水权交易按量分级申请制度,根据用水权交易所包含的用水权份额,结合水源类型,按照分级管理的思路确定县级以上水行政主管部门的管理权限;③构建用水权交易按量分级审批制度,各级水行政主管部门按照审批权限,在综合考虑相关因素基础上决定是否批准;④构建用水权交易登记制度,按照水流确权登记制度的有关要求,结合用水权确权登记的有关要求,在相关管理部门对用水权交易登记备案。

(3) 建立用水权交易纠纷和冲突调解机制

用水权交易存在市场准入管控风险、交易过程风险、自然气候风险、突发事故风险等一系列风险,可能造成交易双方或第三方利益的损益,从而引发纠纷或冲突。为应对交易可能引发的风险或冲突,应考虑构建由交易双方及第三方仲裁人组成的三方治理机制。一方面,由于交易涉及资产的专用性投资,交易双方都注重降低不确定性特别是机会主义行为所导致的不确定性所带来的风险;另一方面,由于用水权交易频率相对较低,交易双方若建立专门治理机构或由法院解决纠纷,则成本过高,因此,有必要建立三方治理机制,解决用水权交易纠纷和冲突。

5.1.1.2 初始用水权分配的责任主体

政府作为水资源国家所有权的代为行使者和行政管理者,承担初始用水权分配的职责。初始用水权分配是水权交易市场的逻辑起点,能否合理、公平地配置初始水权将直接影响水权市场能否良性运行。政府主要通过以下三种路径在用水权初始分配中发挥作用。

(1) 开展初始用水权分配基础工作

水资源及其开发利用调查评价是掌握流域(区域)水资源禀赋条件及其开发利用状况的重要手段。一方面,依据降水、径流等长系列水文监测资料和河湖水质断面监测资料,掌握流域(区域)水资源量、水质本底状况,明确区域可用水量;另一方面,根据经济社会发展规划合理进行流域(区域)用水需求预测,并在合理评价流域(区域)水资源承载能力基础上,制定水资源开发利用策略,以水资源的可持续利用支撑经济社会高质量发展。

(2) 制定初始用水权分配原则

用水权初始分配需要兼顾公平和效率。其中,公平性原则是指政府需要考虑不同行业间、不同区域间的用水公平。对于居民生活用水和生态环境用水,应予以优先保障;对工农业用水,在初始分配过程中应采用定额法进行配置,对同一行业、同一区域采用相同的定额进行用水权初始分配。效率方面,在水资源刚性约束框架下,政府需要对必须满足的刚性需求、尽量满足的弹性需求、需要抑制的不合理用水需求进行区分,在按照公平性原则满足刚性用水需求后,以实现水资源配置的整体效益最大为目标,将用水权分配给用水效率和效益高的用水户。

(3) 初始用水权的权益保护

政府应建立健全用水权权益保护的相关法律法规体系,依据《民法典》关于用益物权的有关规定,结合水资源的可循环性、流动性、稀缺性及外部性等特征,通过修订《水法》《取水许可和水资源费征收管理条例》等法律法规,明确用水权的特殊财产权属性。通过完善法律法规体系,使依法取得的初始用水权成为一项可以独立存在的财产权,任何个人和组织不得侵犯,同时应避免政府公共权力对初始用水权的不适当干预。

5.1.1.3 水利基础设施建设投资主体

供水节水工程设施建设、取用水监测计量设施建设为可交易水量及其核准提供了重要支撑。在用水权交易市场建设过程中,在水利基础设施建设投资方面,政府主要承担两方面职责。

(1) 供水节水工程设施建设投资主体

区域间、行业间、农户间等不同模式用水权交易涉及供水工程、节水工程建设。如在供水工程建设方面,河南省平顶山市与新密市开展跨流域用水权交易。平顶山市通过南水北调干渠和配套工程将交易水量输送到郑州市尖岗水库,新密市通过修建引水入密工程,将交易的水量从尖岗水库输送到新密市城区;引水入密工程分为取水工程、输水工程、调蓄工程、水厂工程和供水工程,总投资约3.9亿元。在节水工程建设方面,2014年经内蒙古自治区政府常务会议同意,内蒙古自治区人民政府批转了《内蒙古自治区盟市间黄河干流水权转让试点实施意见(试行)》,试点在自治区黄河流域内统筹配置盟市间水权转让指标给用水企业。内蒙古水务投资公司作为项目管理主体,巴彦淖尔市水务局作为项目实施主体开展了跨盟市水权转让工程,其主要内容是对沈乌灌域87.17万亩灌溉面积所涉及的693条、1391km各级渠道进行防渗,对67.4万亩畦田进行改造,改地下水滴管4.98万亩,并对灌溉运行管理设施和检测设施进行配套建设。工程建设总投资18.65亿元,一期工程总计节水量2.3亿m^3/a。

(2) 取用水监测计量设施建设投资主体

水资源的流动性、可更新性等特征决定了用水权交易需以水资源的动态监测和计量为基础和前提。取用水监测计量将直接影响出让方可交易用水权指标核准、交易后受让方是否按照交易水量取用水等。若取用水计量监测不到位,不仅影响精细化确权,也会导致交易双方都缺乏信心,在一定程度上会阻碍用水权交易。在用水权精细确权的框架下,用水权交易对取用水监测计量设施建设提出了更高要求。同水资源具有公共物品属性类似,取用水监测计量基础设施也具有一定的公共物品属性,从而决定了政府在取用水监测计量设施建设投资中的主体地位。

5.1.1.4 用水权交易市场监管者

当前,我国用水权市场还属于"准市场",用水权交易市场建设仍以市场机制建设为主,政府在用水权交易市场上更多是充当交易监管者的角色,监管主体是水利部、流域管理机构或地方各级水行政主管部门。在监管法律法规和规则方面,国家层面除《水法》《取水许可和水资源费征收管理条例》《水权交易管理暂行办法》等法律法规外,《关于推进用水权改革的指导意见》是目前规范用水权交易监管最直接的指导性文件。各级监管是相应主管部门运用法律、经济以及行政手段,对用水权交易主体和客体及其交易行为进行的监督管理,充分发挥政府在初始用水权分配、交易资格确认、交易程序规范、交易水量核准、交易资金管理等环节中的监管职责。

由于用水权市场存在固有缺陷,市场在水资源优化配置中起决定性作用,并非起全部作用。如果完全放任用水权市场自由交易,容易导致初始用水权分配不公平、市场不完全竞争等问题,或部分交易主体可能通过大量收购、恶意抬价等手段操纵市场以获取超额收益,导致"市场失灵",并形成入市壁垒,阻碍新的用水权出让方或受让方进入市场(田贵良,2022a)。为使得水资源和用水权交易收益能在市场主体之间形成合理的分配,需要政府加强对用水权交易市场监管,创造公平的竞争环境以弥补用水权市场的先天缺陷,保障用水权市场持续、稳定运行。

5.1.1.5 用水权交易宣传者

(1)用水权改革应争取社会公众理解和支持

当前,用水权交易尚属于新生事物,社会对其接受与认可有一个循序渐进的过程。用水权有偿取得制度的建立,以及用水权收储交易带来的相关利益重新分配难免会引起部分利益相关者的疑虑甚至抵触情绪。用水权市场化改革,既需要做好制度顶层设计,也需要争取得到社会公众的支持与理解。因此,用水权市场化改革过程中,对于新政策制度制定和颁布实施,政府作为行政管理者,需要做好宣传工作,通过召开新闻发布会、组织权威专家进行政策解读、开展新政策制度培训等方式,借鉴节水工作宣传经验,积极开展用水权改革宣传,促进社会公众准确理解用水权改革相关政策制度,提升社会公众和利益相关方对用水权改革新政策制度的认可度和支持度。

(2)用水权交易应充分发挥社会公众监督作用

水资源具有公共产品的属性特征,广义的用水权涵盖农业、工业、生活、生态等不同类型用水户,权利主体涉及政府、企业、城市居民、农民等,呈多元化特点。为避免出现与"公地悲剧"类似的"公水悲剧",政府应对用水权相关信息进行公开,也应充分发挥社会公众监督和舆论监督的作用(田贵良,2022b)。公众监督是制约政府行为的最基本方式。用水权改革由政府主导推动,为避免出现利益集团抱团垄断,甚至出现"公权私用"问题,导致新政策制度损害个人或公共利益,政府有责任制定相应的信息公开制度和公众参与制度,赋予并保护社会公众的知情权、决策权、监督权,使用水权交易双方、可能受影响的第三方或普通社会公众能够及时掌握用水权交易的相关信息,根据自身利益进行决策,并对政府主导的用水权交易进行监督,从而有助于避免"政府失灵"现象,确保以公共利益为根本出发点,通过用水权交易实现水资源优化配置和利益优化调整的最终目标。

5.1.1.6 用水权收储交易主导者

用水权收储是指县级以上人民政府对用水户节约或节余的用水权通过无偿收回、有偿收储等形式,纳入政府区域用水权管理的行为。在用水权市场中,用水户间可能存在大量的短期交易需求。由于水资源受较强的时空条件约束,通过收储,将分散于不同时间、不同空间、不同水源、不同用户的闲置或节余用水权指标进行集中收储,达到"积少成多、集中交易"的目的,是收储的一项重要功能。在用水权收储交易实践中,根据市场供需形势,在用水权市场适量回购、储备部分用水权,是政府发挥其用水权市场主体作用的重要体现。宁夏新一轮用水权改革遵循控制总量、盘活存量、统筹协调、公平高效的原则,建立用水权分级收储调控制度。用水权收储由县级以上人民政府负责,技术工作由相应的水行政主管部门组织实施,可委托第三方服务机构开展具体工作。

在用水权交易方面,县级人民政府作为市场主体收储用水权后,其成为用水权指标持有者,其角色类似于用水权人,政府可根据市场实际需求对其收储的用水权进行重新配置或投入市场进行交易,以达到优化配置区域水资源的目标。需要指出,政府作为用水权持有者进行用水权交易时,与之相关的交易活动受到相关法律法规及用水权市场交易规则等相关规则约束。

5.1.2 市场的角色与作用

党的二十大报告在"加快构建新发展格局,着力推动高质量发展"方面,强调要"充分发挥市场在资源配置中的决定性作用",要"构建全国统一大市场,深化要素市场化改革,建设高标准市场体系"。如何发挥市场在水资源配置、节约、保护中的决定性作用,是当前用水权改革需要解决的焦点问题之一。

5.1.2.1 优化水资源配置,促进水资源供需均衡

初始用水权分配将用水权分配至县级以上行政区域,属于水资源宏观配置;确权是以区域初始用水权分配指标为约束,进一步将用水权分配至农业、工业等用水户,属水资源微观配置(杨得瑞等,2014)。用水权初始分配是用水权交易市场体系中的一级市场。基于产权经济学理论,用水权具备"准财产权"属性,应遵循和体现价值规律,在一级市场中,鼓励实行用水权有偿取得制度,推进价格机制在用水权初始分配环节对水资源配置的杠杆作用,避免用水主体空占指标、低效利用等行为。

在初始用水权分配和确权完成后,受产业政策、节水激励等因素影响,用水权人可能"节约"或"节余"用水权指标。通过用水权交易,实现空间尺度上水资源二次分配,通过水资源优化配置,实现区域尺度上的"空间均衡"。通过取水权交易、灌溉用水户水权交易、公共供水管网用户用水权交易,实现用水户尺度上的用水权二次分配,实现用水户尺度上的"供需平衡"。

总体而言,通过用水权市场交易,可重新配置区域、用户尺度上的用水权,有助于盘活存量水资源,避免已有用水户空占指标,新增用水户又无法取得用水权的情况,在一定程度上消除或降低初始用水权分配不合理对用水效率和效益造成的负面影响,促进水资源从低效率和低效益领域向高效率、高效益领域流转。

5.1.2.2 发现真实价格,实现水资源价值

当前我国水价仍普遍存在政策性低价现象,各地水资源费(税)偏低,普遍停留在"十二五"末水平,而且水利工程供水价格偏低。对于终端用水而言,当前城市居民平均水费占人均可支配收入的 0.5%,远低于世界银行和经济合作与发展组织提出的 3%~5%的合理范围(王冠军等,2021);大中型灌区农业灌溉执行水价不足运行成本的一半(谷树忠等,2022)。究其原因,主要是市场的价格发现功能未充分发挥。

价格是市场机制的核心,市场配置资源的作用主要通过价格信号引导作用实现,价格形成机制在整个水权交易制度设计中至关重要(田贵良,2022b)。用水权最终交易价格由市场竞争形成,这是用水权交易市场保持活跃的关键。在基准价的基础上,竞价可有效促使用水权向用水效益高的部门和企业流转;体现在价值上,用水效益相对较高的受让方在竞价过程中更具有竞争力。可见,用水权交易本身也具有价格发现功能。在满足一定的交易规则和行业准入等条件约束下,市场交易有助于发现水资源的真实价格,实现水资源价值。

目前国家层面上仍以"无偿取得、有偿使用"的水权管理模式为主,水资源的资产属性仍有待进一步强化。地方层面,部分省级行政区结合用水权改革,积极探索用水权有偿取得模式。如宁夏在 2021 年开展的新一轮用水权改革中,围绕用水权有偿取得等进行了创新探索,按照工业企业确权水量分年度征收用水权有偿使用费,突破了现行取水许可制度"无偿取得、有偿使用"的管理模式;通过采用"基准价+竞价"的定价方式,在保障"存量"与"增量"用户用水权初始分配的公平性的同时,有效平衡了交易双方的成本和效益,有助于盘活存量水资源,提高水资源利用效率和效益,有助于实现水资源价值。

5.1.3 用水权交易市场"有为政府"与"有效市场"双轮驱动体系构建

厘清政府与市场在用水权交易中的职责分工,是"两手发力"的内在要求,也是建立"有为政府"和"有效市场"相结合的用水权交易市场的基础和前提。党的十八届三中全会把市场在资源配置中的"基础性作用"修改为"决定性作用",党的二十大报告提出"构建全国统一大市场,深化要素市场化改革,建设高标准市场体系"。从我国经济体制改革角度来看,在政府对市场干预不断减少的同时,市场的地位不断地提升。政府从最初的"全能政府"的角色逐渐转变为"服务型"和"法治型"政府;市场的作用不断增强,从最初在资源配置中起"基础性作用"转变为起"决定性作用"。用水权改革是不断寻求政府和市场在水资源优化配置中的平衡点,充分运用政府与市场两种手段,在政府宏观调控约束下,充分发挥市场化交易的价格发现和优化配置功能,支撑产业发展绿色化、低碳化,实现经济社会高质量发展。

5.1.3.1 转变政府职能,建设"有为政府"

(1) 明晰政府权责是建立"有为政府"的关键

在用水权改革领域,围绕政府的三种角色,主要涉及经济职能、公益职能、管理(服务)职能、监督职能四项职能。其中,经济职能转变就是由最初的直接干预用水权市场经济活动,转变为在确保交易双方权益和公共利益的前提下,间接地通过财政补贴、税费优惠、金融赋能等手段来激活用水权市场化交易,保障用水权市场稳定可持续运转,充分发挥用水权交易的价格发现和价值实现功能,提高全社会水资源利用效益;公益职能转变就是基于水资源的"公共产品""商品"双重属性,由最初的仅依靠政府财政拨款提供准公共产品,转变为通过 PPP、BOT、BT、TOT、ABO 等模式,激励引入社会资本,参与供水节水工程建设、污水处理、再生水利用等,实现政府行为和市场行为的有机结合;管理(服务)职能转变就是由最初的注重行政管理,转变为注重推进简政放权,解决政府机构冗杂重叠、权责不清和办事程序复杂的问题,以及寻租现象等问题,使权力相互制约,促进权力、机会、规则公平,树立为公众服务的意识和理念;监督职能转变就是由最初的法律法规和制度不健全,单主体参与转变为法律法规和政策制度不断完善,多主体参与,奖惩分明的制度,扩大政府的监督覆盖面,建立社会公共服务监督体制,建立信息公开制度,增加监督的透明度,增加寻租成本,促进用水权市场的良性发展。

(2) 发挥政府的社会职能是建立用水权市场的核心

在用水权市场领域，政府的社会职能主要包括用水权分配管理、保障利益相关者权益、促进水资源保护、解决涉水矛盾冲突等。在用水权分配管理方面，应进一步完善用水权初始分配制度，健全用水权交易法律法规与政策制度体系，为用水市场化交易提供全方位的支撑；在利益相关者权益保护方面，应进一步明确用水权的"准财产权"属性，明确用水权确权、收储、出让、受让、质押的方式和内容等；在促进水资源保护方面，应正确处理公共产品供给的公平和效率问题，优先保障河湖生态环境、居民生活、农业生产等公益性和基础性用水需求，保障生态安全、居民饮水安全和粮食安全；在解决涉水矛盾冲突方面，应建立健全初始水权分配法律法规和制度体系，进一步明晰各类取用水户的用水权，围绕交易水量、交易价格、交易期限、交易影响等方面，建立健全用水权交易矛盾和纠纷防范机制。

5.1.3.2 发挥市场在水资源配置中的作用

用水权市场作为水资源配置最有效的方式，主要通过价格机制、竞争机制、供求机制、风险机制实现。为了发挥市场在水资源配置中的决定性作用，应从健全用水权初始分配与用水权保护制度、强化用水权交易市场准入管理、推动用水权平台优化升级、完善强化用水权市场监督管理制度四个方面着手。

(1) 健全用水权初始分配与用水权保护制度

一是在初始用水权分配中实行有偿取得。按照"四水四定"原则，明确区域初始用水权指标后，在用户尺度用水权分配环节引入市场机制，探索建立用水权有偿取得制度，充分发挥价格杠杆在用水权初始分配过程中的调节作用，促进初始水权优化分配。二是充分运用法律和技术手段严格保护用水权。通过发放用水权证等，将其作为用户取得用水权的法律凭证，并通过修订《水法》《取水许可和水资源费征收管理条例》等，明确用水权的法律地位；从财产权角度，将用水权视为用水主体的财产性权利，赋予其非完全占有、使用、收益和有限处分权能。

(2) 强化用水权交易市场准入管理

一是建立健全用水权交易信息发布机制。优化用水权交易信息公告公示等重要信息发布渠道，降低因交易信息不充分、不对称造成的交易不活跃，或因信息搜寻带来的交易成本上升等阻碍市场效率的现象，降低制度性交易成本；优化用水权交易主体信息公示，依法公开转让双方的项目、产能等信息，规避用水权囤积、垄断，以及流向不合理用途等现象。二是严把用水权交易市场准入关。交易双方要遵守政府产业政策和水资源节约、管理和保护要求,明确出让方不得出让用水权和受让方不得受让用水权的情形,并建立相应的惩戒制度。

(3) 推动用水权交易平台优化升级

一是不断完善用水权交易系统和平台。国家层面应进一步强化中国水权交易所的交易中介功能,做好跨省级区域用水权交易支撑工作;流域和地方层面应深化公共资源交易平台整合共享,明确水行政主管部门和公共资源交易平台的职责。二是积极拓展用水权金融衍生品市场。探索用水权期货市场建设,利用期货、现货市场的风险对冲功能应对供水风险;鼓励交易平台与金融机构合作,挖掘用水权金融属性和融资功能,不断创新用水权金融衍生工具,依法发展用水权出租、质押等创新性产品。

(4) 完善强化用水权市场监督管理制度

监督管理是确保市场安全稳定运行的重要举措。为充分发挥市场调节机制,应加强用水权市场监管行政立法工作,完善市场监管程序,加强用水权市场监管标准化、规范化建设。针对可能出现的用水权垄断和哄抬价格、挤占生活和生态用水、私自改变水资源用途、超额取用水资源等违法违规行为,应建立健全惩戒机制;对于违反用水权交易规则的交易双方,应从严制定罚则,促进用水权市场法制化、规范化。

5.2 用水权交易制度体系构建——以宁夏为例

用水权收储交易制度建设涵盖初始用水权分配与确权、定价赋能、收储交易等环节,通过制定出台一系列法律法规、政策制度、规划方案等,为政府收储用水权及区域间、行业间、用水户间等不同类型用水权主体交易提供制度保障。本书在分析政府和市场在用水权交易中的角色与作用基础上,围绕新时期建立水资源刚性约束制度,推进流域(区域)生态保护和高质量发展等要求,结合用水权改革先行先试省份——宁夏回族自治区用水权改革实践,阐述用水权收储交易制度体系建设重点内容。

5.2.1 宁夏用水权改革背景及总体思路

5.2.1.1 宁夏用水权改革背景

宁夏地处西北内陆半干旱区向干旱区过渡地带,全区干旱少雨,人均当地水资源占有量162 m³,为全国平均水平的1/12,生态保护和经济社会发展主要依赖国家分配的40亿 m³ 黄河水,是全国水资源最匮乏的省级行政区之一。宁夏在国家粮食安全、能源安全和生态安全格局中均占有重要地位,但具有以下不足之处:水资源先天不足,且与煤炭等优势资源空间分布、区域生态功能定位、能源化工产业战略定位等不匹配;加之受气候、土壤等自然因素和历史因素影响,农业产业比重高,工业行业倚能倚重特征明显、用水效率不高;生态林、城市绿地、河湖湿地等补水需求量大。这些因素与水资源总量不足因素叠加,使水资源成为制约全区生态保护和高质量发展的主要瓶颈。

为了破解水资源制约瓶颈,在水利部、黄河水利委员会的指导下,宁夏先后开展了一系列改革探索:2003年,在黄河流域率先开展水权转换工作;2014年,作为水利部水权试点省级行政区之一,重点开展水资源使用权确权登记试点;2016年,被列为全国水流产权确权试点省级行政区,探索水资源使用权确权及物权登记的途径和方式。宁夏通过一系列卓有成效的工作,在一定程度上缓解了工业发展与黄河水用水指标严格受限的矛盾,但水资源禀赋不足、生态环境脆弱、用水结构不优等问题仍制约着水利高质量发展。

习近平总书记2020年6月8日至10日考察宁夏时,强调要把水资源作为最大的刚性约束,实施"四水四定",推进水资源节约集约利用。2021年,自治区党委立足先行区建设实际,决定开展用水权、土地权、排污权、山林权"四权"改革,明确提出以"节水增效"为核心,以确权、赋能、定价、入市为重点,通过用水权改革解决全区水源供给不足、用水结构不优、效率效益不高的问题,建立资源有价、使用有偿、交易有市、节约高效的水资源利用体系,从根本上解决影响高质量发展的机制性障碍、结构性矛盾、深层次问题。

5.2.1.2 宁夏新一轮用水权改革总体思路

宁夏针对实际,围绕水资源"控总量、调结构、提效率、增效益"的目标要求,按照"精细确权、金融赋能、合理定价、建立市场化交易机制、健全监测监管体系"的总体思路(图5.1),构建资源有价、使用有偿、交易有市、监管有效的制度机制;充分发挥市场在水资源配置中的决定性作用,促进水资源由行政化配置向市场化配置的流通商品转变,提高水资源利用效率和效益(赵志轩等,2023)。

第5章 用水权交易制度体系构建与交易模式

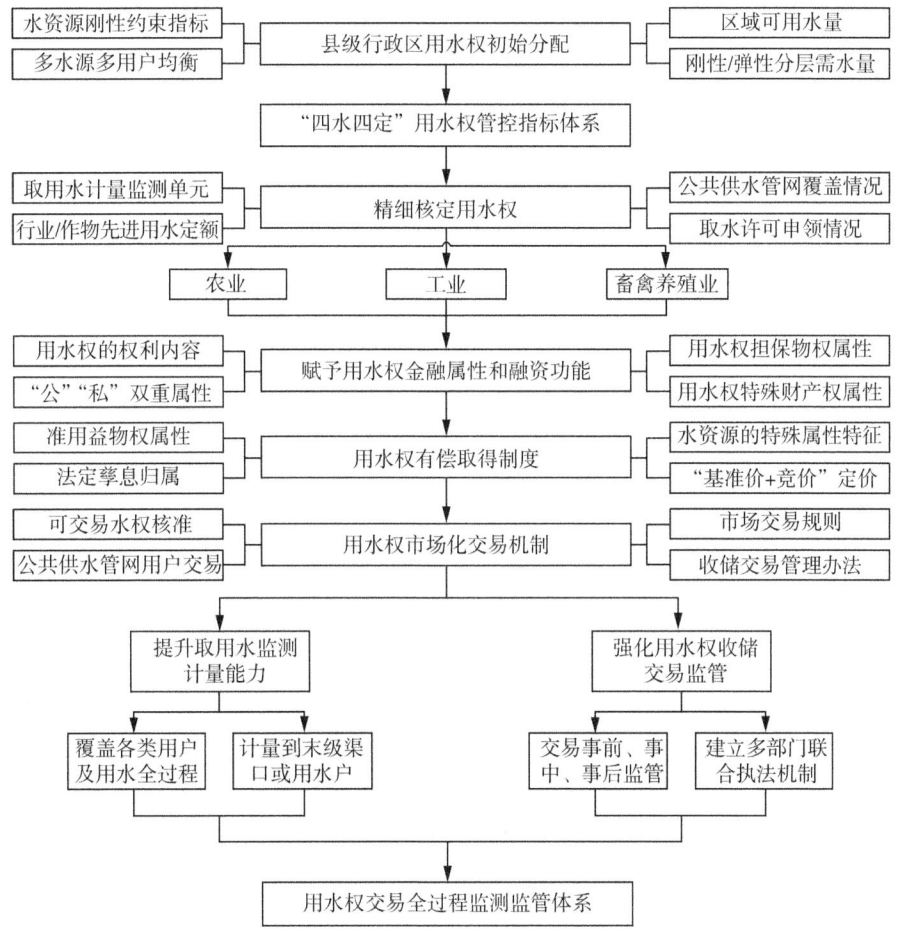

图 5.1 宁夏用水权改革总体思路

5.2.2 明确用水权"准用益物权"属性,建立用水权有偿取得制度

5.2.2.1 用水权有偿取得制度的理论、法律与现实依据

(1) 理论依据

①物权理论

物权是权利人依法对特定的物享有直接支配和排他的权利,包括所有权、用益物权和担保物权。其中,用益物权指用益物权人对他人所有的不动产或者动产,依法享有占有、使用和收益的权利,是一种他物权,或称"准物权"或"限制物权"。根据《民法典》关于用益物权的一般规定,依法取得的探矿权、采矿权、取水

权和使用水域、滩涂从事养殖、捕捞的权利受法律保护,从而在法律上界定了取水权的用益物权性质。按照物权的私权保护原理,以及本书对取水权和用水权的界定、对取水权和用水权的关系分析,用水权从所有权剥离后,类似私法中的用益物权。通过对用水权权能上进行限定,将与公共产品属性相关的"处分"权能剥离,从而使用水权成为商品并入市交易成为可能。

②产权经济学理论

所谓产权是经济所有制关系的法律表现形式,属于行为性的权利,是权利主体对其所有之物占有、使用、收益和处分的权利。《中共中央关于全面深化改革若干重大问题的决定》提出健全自然资源资产产权制度,进一步明确了自然资源的资产属性。产权可理解为财产权,而水资源作为自然资源的一种,其可循环性、流动性等特点决定了用水权是一种特殊的财产权,或"准财产权",属于国家资产,国家具有利用公权力进行用水权初始分配及利用市场机制经营用水权的权利,并实现其收益权。用水权有偿使用费就是通过市场实现用水权收益的一种形式。

③地租理论

地租论认为,无论是自然状态的水资源,还是已被开发利用的水资源,都可以收取资源地租,其中自然状态的水资源地租是国家所有权人收益权能借以实现的经济形式和具体体现。根据马克思地租理论,地租具体包括国家所有权收益、所有投资产生的收益、征地费、开发费、配套费与拆迁费等,也可分解为广义的政府土地收益(绝对地租与级差地租之和的资本化)和成本地价(包括使用权取得费与熟地开发成本)。根据地租理论,水资源是水资源国家所有权收益的体现,也是水资源作为自然资源价值的体现;国家通过投入资本和劳动力,进行水资源开发利用,使之满足一定的水量和水质要求,在这个过程中,国家还需要投入资本和劳动力,进行水资源勘察、规划、保护等工作。因此,除水资源税(费)外,国家有权收取一定的费用以弥补上述支出,以确保水资源的有效保护和可持续利用,用水权有偿使用费可以作为弥补上述支出的一种手段。

(2) 法律依据

①用水权概念在国家正式文件中得到确认

2015年10月召开的党的十八届五中全会正式提出了用水权的概念。2016年,水利部制定出台的《水权交易管理暂行办法》第二条规定:水权包括水资源的所有权和使用权。2022年10月,党的十九届五中全会提出推进用水权市场化交易。2021年9月,中共中央办公厅、国务院办公厅印发《关于深化生态保护补偿制度改革的意见》,提出建立用水权初始分配制度,鼓励地区间依据取用水总量和权益,通过水权交易解决新增用水需求。2022年8月,水利部会同国家发改委、财政部印发了《关于推进用水权改革的指导意见》,提出全面建立用水权制度体系的目标。总体来看,用水权的概念已经在国家正式文件中得到确认。

②用水权有偿使用费具有"法定孳息"属性

用水权的权利内容包括占有、使用、收益等权能。《民法典》第三百二十一条规定:"天然孳息,由所有权人取得;既有所有权人又有用益物权人的,由用益物权人取得。当事人另有约定的,按照其约定。法定孳息,当事人有约定的,按照约定取得;没有约定或者约定不明确的,按照交易习惯取得。"收益是使用的结果,也是使用的终极目标。其中,"天然孳息"可理解为用水权人因在水资源的利用过程中投入了额外资金和劳动而取得的利益;"法定孳息"则是因某种法律关系的设定而产生的收益。权利人依法取得取水许可证或用水权证后,标志着国家作为所有权人与用水权人之间就用水权指标对应的水资源份额的使用达成约定,取水许可证或用水权证可视为二者之间签订的"协议"或"合同"。根据《民法典》《水法》等法律规定,国家和用水权人之间形成类似"债权人"与"债务人"的关系,国家有权按时计算和收取孳息。法定孳息有严格的时限规定,用水权人的权利存续期受到取水许可证、用水权证载明的有效期、交易合同或转让协议限制。

根据本书关于用水权交易的有关分析,用水权有偿使用费属于水资源国家所有权的"法定孳息",即因为法律关系的设定而产生的效益。用水权交易合同属于交易双方的约定。政府在进行用水权初始分配、用水权市场交易过程中,需要通过与用水权人签订交易合同、转让协议等方式,明确用水权有偿使用费归属,从而为政府征收用水权有偿使用费提供了法律依据。

(3) 现实依据

我国国有土地使用权有偿取得制度也经历了从无到有的过程。改革开放之前,我国实施计划经济体制,国有土地实施行政划拨、无偿无限期使用的管理模式;改革开放以来,国家颁布实施了《中华人民共和国土地管理法》(以下简称《土地管理法》),土地使用开始从无偿向有偿转变。至今,《土地管理法》历经三次修正、一次修订,我国土地有偿使用制度不断完善,如第二条第五款规定:"国家依法实行国有土地有偿使用制度。但是,国家在法律规定的范围内划拨国有土地使用权的除外。"第五十五条规定:"以出让等有偿使用方式取得国有土地使用权的建设单位,按照国务院规定的标准和办法,缴纳土地使用权出让金等土地有偿使用费和其他费用后,方可使用土地……新增建设用地的土地有偿使用费,百分之三十上缴中央财政,百分之七十留给有关地方人民政府。"

可见,国家已经通过《土地管理法》确认土地有偿使用费,从而明确了其法律地位。水资源也属于自然资源,具有稀缺性等属性,与土地类似,所有权属于国家;用水权与土地使用权类似,是指依法占有、使用、收益权利,因此,可以借鉴我国土地管理的有关思路,通过修订《水法》等相关法律,设立用水权有偿使用费。

5.2.2.2 用水权有偿取得制度设计

当前我国水资源总体仍处于"无偿取得、有偿使用"阶段,水资源税(费)、水价计征标准整体偏低,不能反映水资源的稀缺性及其真实价值。用水权有偿使用费是建立用水权有偿使用制度的关键,其实质是国家作为水资源资产所有权人向用水权人收取的"法定孳息"。

(1) 用水权有偿使用费征收对象

自治区党委2021年4月印发的《关于落实水资源"四定"原则 深入推进用水权改革的实施意见》明确提出:"十四五"时期农户暂免缴纳农业初始用水权有偿使用费,后期根据经济社会发展形势确定是否缴纳或部分缴纳;现有工业企业中无偿取得用水权的,认可其取得的用水权资格,从2021年开始按照基准价、分年度缴纳用水权使用费;在此期间破产、关停、被取缔以及迁出宁夏的由政府无偿收回,或三年内未通过节水改造富余的用水权由政府无偿收回。新改扩建工业项目用水权全面实行有偿取得,原则上在用水权交易市场公开竞价购买,国家和自治区重大项目可定向协商购买。有偿取得用水权的单位,"富余"用水权的市场交易收益归企业所有。此外,2022年6月修正的《宁夏回族自治区节约用水条例》明确规定:"新建、改建、扩建工业项目用水权全面实行有偿取得,无用水权指标的,应当通过水权转让方式解决用水。"这项规定进一步明确了用水权有偿取得的法律地位。

(2) 农户和工业企业取得用水权的途径和方式

针对农业用水户,用水总量未超过用水总量控制指标的县(市、区),由县级水行政主管部门按照自治区"四定"管控方案确定的县域不同行业用水总量和灌溉耕地,综合确定农户用水权;用水总量超过用水总量控制指标的县(市、区),由县级水行政主管部门牵头制定水量削减方案,按照自治区"四定"管控方案确定的县域不同行业用水总量和灌溉耕地合理确定农户用水权。

针对新增工业企业、新改扩建工业项目,必须通过用水权交易购买用水权。直接从江河、湖泊、地下取用水资源的,通过依法办理取水许可证获得用水权,但必须缴纳用水权有偿使用费。利用公共供水工程取用水的工业企业购买用水权后,直接由县级水行政主管部门核发用水权证。

(3) 用水权有偿使用费征收标准

①实施分水源、分用途定价

用水权有偿使用费是政府所有权收益的资本化,不受是否凝结着无差别人类劳动的限制,其体现的是水资源所有权人与用水权人的一种经济关系。用水权交易市场由于交易标的的特殊性,因此其只能是准市场,价格不能完全交由市场决定。为保障社会公平性和公共资源价值得以体现,政府应在用水权交易价格形成中起到兜底作用。考虑到用水权有偿使用费征收标准不仅受水源类型、用途影响,而且与水资源禀赋条件、供需关系、经济社会发展水平等因素密切相关,因此,有必要针对其地区差异性、动态调整性、政策导向性、财产收益性等特征,分水源、分用途确定用水权有偿使用费。

②合理确定价格区间

用水权交易是供需双方利益权衡的结果。一方面,用水权有偿使用费作为一项成本,需要用水户承担,用水户购买用水权的出发点是新增用水权给其带来的收益增量大于用水权价格(或获得用水权所需支出的成本),因此其定价不能过高;另一方面,用水权有偿使用费作为水资源所有权的价值实现形式,需要能够合理反映水资源所有权人(国家)在水资源勘测、规划、开发和保护中所支付的成本,以真实反映水资源的价值,因此其定价也不宜过低。

③以用水权基准价计征用水权有偿使用费

用水权有偿使用费的计征标准决定了其能否反映价值杠杆作用。根据本书4.2.5节的相关分析,用水权基准价充分考虑了水资源的稀缺性,在资源产权、劳动价值、生态价值等价值理论基础上,考虑了工程成本、风险补偿成本、生态补偿成本、经济补偿成本、交易期限、政策体制、激励机制等因素,在此基础上制定用水权价值底线值。用水权基准价只反映资源本身的价值,是保障社会公平性和公共资源价值的重要举措,并且,以用水权基准价作为各地用水权有偿使用费征收的标准(表4.8),有利于强化用水权权益意识和财产权收益观念,提高用水权的市场价值反映力,充分体现水资源的真实价值,有利于激发居民和企业节水动力,形成节水有益的良性机制。

(4) 资金征收与使用管理

用水权有偿使用费由县级以上人民政府水行政主管部门负责征收。农业用水户将无偿取得的节余用水权,在农业内部进行市场交易的,收益全部归农户所有,向工业进行市场交易的,农户按规定比例获得用水权交易收益;政府配置用水权的工业企业按照用水权有偿使用费征收标准分年度缴纳用水权有偿使用费。水行政主管部门确定用水权有偿使用费缴纳金额后，应当向用水单位或个人送达用水权有偿使用费缴纳通知单，用水单位或个人应当自收到缴纳通知单之日起15日内办理缴纳手续。县级以上人民政府征收的用水权有偿使用费重点用于用水权收储、水利基础设施建设及运行维护、水资源管理与保护、节水改造与奖励等水利发展投入，不得随意截留、挤占、挪用，否则将依据有关法律法规严肃查处。

5.2.2.3 用水权有偿取得对用水权市场化配置的影响

（1）有助于实现社会用水公平

我国《宪法》规定水资源所有权归属国家，即全民所有，这决定了我国用水权不能采取"先到先得"的分配模式，我国经济体制和管理模式也决定了公平性是水资源配置必须要考虑的重要原则。相比新改扩建项目需要通过市场交易有偿取得用水权，已有项目通过直接向政府申办取水许可的方式无偿取得了用水权。针对这种不公平现象，在满足居民生活、农业和生态需水的前提下，政府以工业企业用水户为对象，实行用水权有偿取得制度，明确所有工业企业一律实行用水权有偿取得，因此有利于实现工业企业的用水公平。在这种政策导向下，各类工业新改扩建项目不再被动等待政府无偿配置水资源，而是主动到用水权交易市场寻求解决方案，从而有利于激发交易市场活力，促进水权交易。

（2）有助于促进水资源节约集约利用

计征用水权有偿使用费，有利于改变水价偏离水资源价值的现状，纠正价格长期低位运行造成的"水资源不属于稀缺资源或稀缺性不够"的错觉，使水资源的商品属性进一步彰显，让社会公众认识到水资源是有价有偿的稀缺商品。通过建立健全水资源"资源有价、使用有偿"的体制机制，激活水资源保值增值内生动力。通过建立用水权有偿取得制度，纠正用水户"无证取水""多占少用"的错误行为，从根本上扭转浪费水等现状。企业支付用水权有偿使用费之后，用水权的权能得到进一步拓展，将可以进行交易、抵押（质押），为真正实现区域水资源节约集约和高效利用注入了内生动力。

（3）有助于推动水资源配置"两手发力"

实施用水权有偿取得，有助于建立"资源有价、使用有偿"的水资源管理制度体系，可显著增强全社会的用水权意识和节水意识。实施用水权有偿取得，有助于弥补传统行政手段配置水资源的弊端。在用户取水许可申请和取水指标核定阶段，企业为节约成本，不再采取"多占少用"的策略，而是由"被动收储"转变为"主动让水、主动节水"，因此有利于区域用水权的合理分配，实现区域水资源利用效率和效益整体最大化和最优化。

(4) 有助于建立水利稳定投入增长机制

水利是国民经济中的基础设施和基础产业,资金投入事关整个水利行业发展。近年来,随着经济社会的发展,水利建设投入不断增长,但我国水利建设资金供需矛盾仍然比较突出。在中西部地区,受经济发展等因素影响,目前主要依靠公共财政投入的水利投入机制正面临着瓶颈制约。实施用水权有偿取得后,用水权有偿费使用费重点用于用水权收储、水利基础设施建设及运行维护、水资源管理与保护、节水改造与奖励等水利发展投入,通过"取之于水、用之于水",有助于建立水利稳定投入增长机制。

5.2.3 创新收储交易模式,拓展可交易水量范围

5.2.3.1 明确可交易水权权利边界,拓展可交易水量范围

通过设立用水权有偿取得制度,宁夏将可交易水权范围从以往只能交易"通过调整产品和产业结构、改革工艺、节水等措施节约的水资源"拓展为"节约和节余的水指标",显著激活了用水权交易市场活力。通过制定《宁夏回族自治区用水权收储交易管理办法》,自治区明确规定了可交易用水权的范围,以及出让方不得出让、受让方不得受让用水权的情形。

(1) 可交易用水权的范围

《宁夏回族自治区用水权收储交易管理办法》第二十四条明确了可交易用水权范围,包括:①县级以上人民政府在用水权管控指标和年度调度指标范围内节余的水量;②县级以上人民政府依法收储的用水权指标;③办理取水许可证或用水权证的单位或者个人(公共供水单位除外)通过调整产品和产业结构、改革工艺、节水等措施节约水资源的,在取水许可证、用水权证有效期和限额内,其节约或闲置的用水权指标;④企业通过用水权转让项目有偿获得的用水权指标;⑤拥有农业用水权的农户、集约化种植业用水大户、规模化畜禽养殖业用水户等农业经营主体及农村集体经济组织通过调整种植结构、自主投资实施高效节水工程、强化水资源管理等措施节约或闲置的用水权指标;⑥法律、法规和规章等规定的其他情形。

(2) 出让方不得出让的情形

《宁夏回族自治区用水权收储交易管理办法》第二十五条明确提出了出让方不得出让的情形,包括:①居民生活用水量;②生态环境用水量;③水资源超载区向管控区域外交易的用水权指标;④取耗水总量达到行政区域总量控制指标或

水量调度指标,向外区域转让的取用水指标;⑤从事城乡生活供水、工业集中供水、农业灌溉供水等供水服务的取水主体获得的"只取不用"的取水指标;⑥不具备调水条件的跨区域用水权交易;⑦达到或超出区域地下水开发利用管控指标的;⑧法律、法规和规章规定其他不得转让的情形。

(3)受让方不得受让的情形

《宁夏回族自治区用水权收储交易管理办法》第二十六条明确提出了受让方不得受让的情形,包括:①不符合国家产业政策的建设项目;②县级以上人民政府禁止发展的建设项目;③不符合行业用水定额标准的建设项目;④达到或超出区域地下水可开采量的;⑤地下水超采区新增用水项目;⑥法律、法规和规章规定不得受让用水权的其他情形。

5.2.3.2 建立用水权"自治区＋县级行政区"两级收储调控制度

(1)用水权分级收储调控内涵

宁夏本轮用水权改革通过印发《宁夏回族自治区用水权收储交易管理办法》,建立了自治区和县级人民政府两级用水权收储调控制度。自治区或县级人民政府按照管理权限,遵循控制总量、盘活存量、统筹协调、公平高效的原则,依据分配的区域用水总量控制目标、初始用水权分配指标等,以保障经济社会发展用水需求为目标,结合用水权市场供需形势,由自治区人民政府或县级人民政府在用水权市场适量回购、出售、储备部分用水权。

(2)用水权收储情形

《宁夏回族自治区用水权收储交易管理办法》提出了应进行用水权收储的五种情形:①政府投资实施的节水改造工程,包括农业高效节水灌溉项目、灌区续建配套与节水改造项目、水权转换试点建设项目(政府优惠或无偿配置)等节约出的取用水指标;②因城镇扩建等公共设施建设及交通、水利等基础设施建设征用土地(耕地)而形成的空置取用水指标;③已取得取水许可证或水权证的用水户,近三年未通过节水改造富余的用水权没有进行交易的;④因破产、关停、被取缔以及迁出自治区的用水户所持有的用水权指标;⑤法律法规规定的其他情形。

(3)用水权收储指标认定与收储主体

政府投资实施的节水改造工程节约的水量,或因公共设施建设及基础设施建设征用土地而形成的空置用水权指标,由所在地县级水行政主管部门负责;其余情形的用水权收储指标,涉及不同审批机关的,应征得相应审批机关同意后,由属地水行政主管部门负责认定和收储,跨行政区域的由共同的上级水行政主管部门负责认定和收储。

县级以上人民政府收储的用水权可以重新配置或通过自治区公共资源交易平台进行交易;用水权收储指标处置结果,应当报自治区水行政主管部门备案,并及时书面告知有关供水单位,供水单位应保障供用水需求。

(4) 探索建立用水权收储交易风险防控制度

因气象水文丰枯变化,出让方可出让的水资源份额可能无法达到合同既定交易用水权指标,或受让方用水需求下降,不需足额购入合同约定交易标的,以上情况均将导致用水权交易无法按照合同约定进行。此外,还存在因不可抗力而突发事故,导致用水权交易合同无法按约定履行等情况。因此,需要探索建立用水权收储交易风险防控制度。一方面,统筹协调全区用水需求和自治区重大产业布局,预留2%用水权指标用于自治区级用水权市场调控和丰枯风险应对;另一方面,设立用水权收储交易风险补偿基金,旨在根据实际交易情况向利益受损方提供经济补偿或以其他方式进行补偿。

在《宁夏回族自治区用水权收储交易管理办法》基础上,各市县围绕设立用水权收储交易风险防控补偿资金进行了有益探索,如青铜峡市人民政府授权市水务局负责设立青铜峡市用水权专户,从用水权使用费中核拨200万元资金进入用水权专户,用于用水权收储和水权交易系统维护、管理及用水权交易风险防控等。市财政局、审计局负责定期对青铜峡市用水权专户资金使用情况进行监督、审计。同时规定,如专户资金少于200万元,由市财政局从当年的用水权使用费中核拨补齐差额。

5.2.4 制定交易规则和交易分配激励机制

宁夏围绕用水权收储交易环节开展顶层设计,通过用水权分级收储机制、交易激励机制、用水权投融资机制等机制建设,建立用水权市场化收储交易制度;通过搭建用水权交易系统与交易平台,为用水权交易提供支撑。

5.2.4.1 制定用水权交易规则和流程

为规范用水权交易行为,维护交易双方合法权益,保障用水权交易依法、有序进行,需要根据《水法》等相关法律,结合用水权交易实际情况,制定用水权市场交易的规则和流程。

(1) 一般要求

用水权交易按照市场主导、政府调控原则,积极稳妥、因地制宜、公正有序推进,不得影响、损害利害关系人合法权益和公共利益。在交易期限内,转让方转出水量在本行政区域用水总量控制指标或用水调度分配指标中进行核减,受让方转入水量在本行政区域用水总量控制指标或水量调度分配指标中相应核增。

根据交易类型及交易标的规模等方面的差异,可通过公共资源交易服务中心进行公开竞价交易,或进行协议转让。其中,除一个自然年内的县域内灌溉用水户之间用水权交易可实行协议转让外,其他一律进入自治区公共资源交易系统公开竞价。

(2) 用水权公开交易流程

用水权交易同其他商品交易一样,无论是政府主导还是市场主导,都必须按照一定程序和规则进行。在完成用水权初始分配后,需要制定严格的用水权交易程序,通过明确用水权主体的交易行为和降低第三方影响来控制用水权交易成本,为用水权交易有序进行提供有力保障。具体交易流程见图5.2。

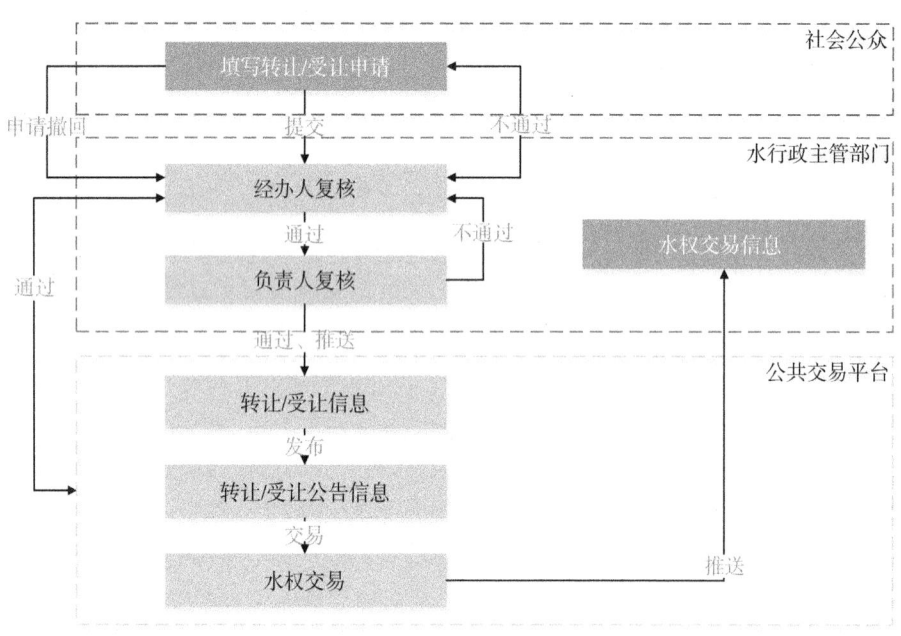

图 5.2　用水权交易流程

①交易受理

用水权交易实行分级受理,根据用水权交易的规模,所在自治区、地市级、县级水行政主管部门根据管理权限受理用水权交易申请。

通过公开竞价的转让方向具有管理权限的水行政主管部门提出用水权交易申请,并填报相关信息,如取水许可证或用水权证等材料,并说明拟转让的水量和价格;对收储的用水权进行交易的,应提供收储相关资料。各级水行政主管部门按照水资源管理分级权限在两个工作日内完成转让信息核实,核实通过的由水行政主管部门推送至自治区公共资源交易系统。

②公告发布

用水权交易公告是由用水权交易管理机构或交易主体等对用水权交易相关事宜进行披露,为公众了解水权交易提供信息支持。转让方委托自治区公共资源交易服务中心开展网上用水权交易。自治区公共资源交易服务中心依据转让方提供的材料(电子文件)与转让方联合发布转让公告。转让公告一般应包含转让方及交易机构名称和地址,转让交易方式,转让用水权的来源、交易期限、转让起始价、加价幅度,受让申请方资格要求及申请竞买的方法,获取转让文件的时间和方式,公告、报名截止时间和地点,报价时间,确定受让竞得方的时间等等内容。转让公告通过宁夏公共资源交易网和自治区公共资源交易系统发布。公告期限不少于三个工作日(含三个工作日)。公告期满后,交易自动进入报价环节,报价时间不少于两个工作日。

③竞买申请和资格确认

受让方申请购买用水权时应根据实际用水需求填报交易需求信息,并提交拟交易水量和水行政主管部门出具的水资源论证审查意见。县级水行政主管部门在两个工作日内完成受让方交易需求信息核实。核实通过的由水行政主管部门推送至自治区公共资源交易系统。受让方办理数字证书后,方可登录自治区公共资源交易系统进行网上交易。自治区公共资源交易服务中心根据受让方信息,向符合转让公告规定和相关要求的受让方发放《竞买资格确认书》。

④网上报价与竞价

受让方通过自治区公共资源交易系统进行报价。初次报价不得低于起始价;在报价期间只能进行一个有效报价,每次至少增加一个加价幅度;符合条件的报价,自治区公共资源交易系统予以接受并即时公布。应该指出,由于宁夏公共资源交易服务中心仅提供中介服务,以服务当地水资源优化配置为目的,具备公益属性,不以营利为目标,因此用水权交易实行"零收费"服务。在报价期限截止前,受让方应当进行一个有效报价,方有资格参加网上限时竞价。在报价期限截止,仅出现一家受让方有效报价时,确定该受让方为受让竞得方;出现两家及以上受让方有效报价时,自治区公共资源交易系统自动进入限时竞价环节。

进入限时竞价后,以报价期最高报价作为限时竞价的起始价。竞价采用累积竞价方式,累积竞价的交易时长不超过 30 分钟。累积竞价指在规定竞价时间内,受让方可进行多次报价,每次至少增加一个增价幅度。自治区公共资源电子交易系统按照"价格优先"原则进行排序,取每个受让方的最高报价和购买数量,最终将转让的用水权按照报价高低排序竞配给各个受让方。价格优先是指,报价高者优先于报价低者。当转让的水量全部竞配完毕或全部受让方均成交时停止竞配,各受让方的最高报价为各自竞买用水权的成交价格。

⑤结果公示和成交确认

网上交易结束后,自治区公共资源交易服务中心发布交易结果公示,公示期为三个工作日。公示期无异议后,自治区公共资源交易服务中心向受让方发放《成交通知书》。公示期有异议的,由相应水行政主管部门和自治区公共资源交易服务中心进行核实处理。

交易达成后,交易双方按照《成交通知书》的约定签署交易协议,将交易水量、交易价格、交易期限等核心内容以合同的方式进行签署。转让方在签订交易合同后五个工作日内将交易合同上传至自治区公共资源交易系统,由相应的水行政主管部门负责告知双方供水管理单位。

⑥交易监管

以上环节完成后,应由水行政主管部门加强用水权交易实施情况的动态监管,对用水权变更信息及时进行汇总并更新,以规范用水权交易主体的行为。交易期限超过一年的,用水权交易双方应当按照相关规定申请办理取水许可或用水权变更手续。

在用水权交易结束后,相关方仍要发挥监督作用,监督内容主要是用水权交易后水资源使用是否符合用水权交易合同的要求,是否给第三方和生态环境等带来损害。

(3)用水权协议转让流程

采用协议转让方式进行的用水权交易,应当在交易双方达成意向后填报交易意向、交易水量和价格等,并提供取水许可证或用水权证。县级水行政主管部门在两个工作日内完成核实,核实通过的由县级水行政主管部门告知双方供水管理单位;交易双方提交的资料不齐全或不符合交易规定的,应当指导补正。

5.2.4.2 建立用水权交易收益分配激励机制

(1)建立用水权交易收益分配激励机制

在《宁夏回族自治区用水权收储交易管理办法》明确的用水权交易收益分配机制基础上,各地市对农业用水权交易收益分配制度进行了有益探索,如青铜峡市围绕农业用水户、企业用水户、政府收储的用水权交易收益分配制度,进行了一系列创新和细化,制定了《青铜峡市用水权收储交易管理办法(试行)》。

①农业用水户

农业是用水大户,但其单方水产出明显低于工业,为了避免增加农户负担,农户种植及养殖业等用水权有偿使用费可暂缓征收。在交易资金分配方面,《宁夏回族自治区用水权收储交易管理办法》明确:出让方为村集体或农民用水组织的,交易资金按村集体或农民用水组织相关规定进行管理;出让方为农户的,交易资金自行管理。

在此基础上,青铜峡市针对交易主体为基层水管服务组织的,明确提出由基层水管组织负责组织进行的用水权交易,交易收益的80%归节水农户,20%归基层水管组织。基层水利服务组织通过管理实现的节水指标,交易收益的60%用于偿还农业水利运营的社会资本方本金及收益(支付上限为社会资本方本金及收益),40%归基层水利服务组织,用于辖区内水利工程维修养护和工作经费。若无农业水利运营的社会资本方,则交易收益的60%归政府分配,用于水利建设、节水奖励、精准补贴等,40%归基层水利服务组织,用于其辖区内水利工程维修养护和工作经费。

②企业用水户

对于企业用水户,企业用水户拥有的用水权(无偿取得),交易金额的10%由属地政府财政提留,用于企业水资源监测信息化运行维护及节水奖励,其余90%归出让方所有。企业通过市场交易取得的用水权有结余,交易后的收益全部归企业所有。

③政府收储的用水权交易

对于由政府作为交易主体进行用水权交易的,交易金额的10%归出让方及基层水管组织(其中出让方占50%,基层水管组织占50%);交易金额的50%用于偿还社会资本方本金及收益(支付上限为社会资本方本金及收益);交易金额的40%由政府分配,全部用于水利建设、节水奖励、精准补贴等。若无社会资本方参与水利建设与管理的,则交易金额的90%由政府分配,全部用于水利建设、节水奖励、精准补贴等。

由社会资本方投入农业节水工程产生的节水指标归社会资本方所有,社会资本方支付当地灌溉水费的20%给节水工程用户;若社会资本方将节水指标进行交易,交易金额的70%归社会资本方所有,20%归基层水管组织所有,10%归出让用水权的用水户所有。

(2) 建立企业财政奖补支持制度

通过制定《宁夏回族自治区节约用水奖补办法》,对"零排放"工业企业和节水型达标企业,根据其对当地经济社会发展的贡献给予一定财政奖补支持。

①奖补原则及资金来源

企业财政奖补支持制度坚持"分级奖励、注重实效"的原则,鼓励用水户对节约的用水权进行交易,鼓励企业结合自身实际情况开展污水处理再生回用,加大非常规水源开发利用。财政奖补资金通过水资源税奖补资金在属地落实。

②奖补对象和标准

按照"分级奖励"原则,奖补对象分为三级,其中第一级为地级市和宁东管委会,第二级为县(市、区),第三级为灌区、工业园区、企业(含零排放企业)、高校、医院等。

奖补标准方面,地市级(含宁东管委会)按照最严格水资源管理和节水型社会建设考核结果进行排序,设一、二、三等奖各1名,分别奖补300万元、200万元、100万元;对于节水型社会建设达标县,一次性奖补300万元;对于自治区级节水型载体实行以奖代补,对节水型企业(含零排放企业)一次性奖补50万元。

③奖补资金使用管理

奖补资金由市、县(区)统筹用于水资源节约集约利用、节水及监测计量设施改造、农业水价综合改革、非常规水源开发利用、节水型载体奖补、节水宣传教育等方面的支出。

5.2.4.3 搭建用水权市场交易平台

用水权交易平台是交易的重要载体,在交易信息发布、交易主体资格审查、交易撮合、交易程序规范和监督管理等方面发挥重要作用。为了规范用水权收储、交易等行为,2021年7月,自治区水利厅和自治区公共资源交易管理局制定了《宁夏回族自治区用水权市场交易规则》,明确自治区公共资源交易管理局负责用水权交易系统的建设、管理、维护;自治区公共资源交易服务中心负责建立健全全区统一的用水权市场交易平台,负责为用水权交易提供服务。按照有关要求,自治区公共资源交易管理局建设了"宁夏公共资源交易平台用水权网上(电子化)交易系统",按照用水权交易改革试点市县的实际进行了测试并投入试运行服务;自治区水利厅建设了"宁夏用水权确权交易平台",目前也已投入运行。

(1) 宁夏公共资源交易平台用水权网上(电子化)交易系统

自治区公共资源交易管理局开发了"宁夏公共资源交易平台用水权网上(电子化)交易系统",该系统总体规划12个子系统,包括智慧信息系统、智慧服务系统、互联网+业务受理系统、全流程电子化交易系统、综合业务管理系统、从业主

第5章 用水权交易制度体系构建与交易模式

体管理系统、移动服务系统、数据共享交换系统、综合运维保障系统、数字见证系统、决策分析系统、全仿真模拟系统。该交易系统实现了交易、服务、监管一体化综合管理,为用水权交易提供"一站式"服务,满足交易主体、交易机构和各级水利主管部门需求,建立了水权交易服务"一网通办"、市场运行"一网统管""一网协同"的全流程电子化模式。

(2) 宁夏用水权确权交易平台

根据《宁夏回族自治区用水权收储交易管理办法》《宁夏回族自治区用水权市场交易规则》,县级以上人民政府水行政主管部门履行交易监管职能,主要负责"交易前"交易主体的材料审核,"交易后"公示、备案和权属变更等。为实现用水权确权登记、取水许可电子证照数据汇集、交易数据整合、确权与用水权交易业务融合等目标,自治区水利厅组织建立了覆盖全区的用水权确权及交易信息管理系统(图 5.3)。

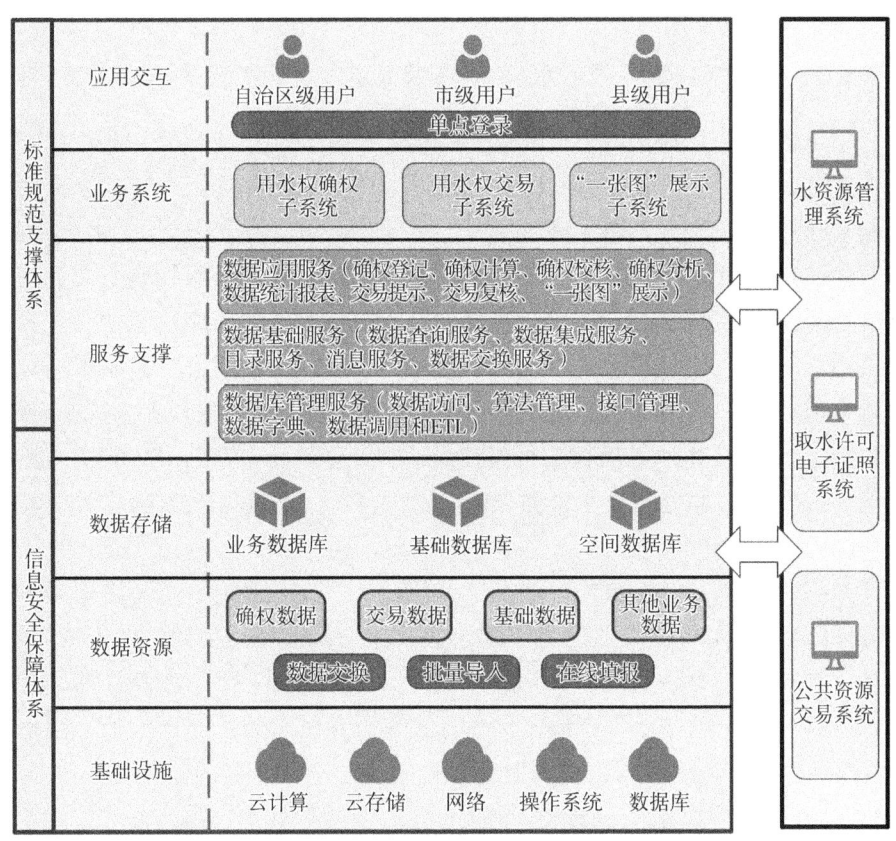

图 5.3 宁夏用水权确权及交易信息管理系统总体架构

通过与宁夏公共资源交易平台互联互通,该系统对水权确权数据进行动态管理,对用水权交易数据进行调用并整合分析,保障用水权主体按照自主自愿、依法依规、公平公开的原则开展交易。该系统总体架构由下而上分为基础设施层、数据资源层、数据存储层、服务支撑层、应用交互层、平台集成层六部分。其中,基础设施层提供了系统各项基础运行环境;数据资源层是建设宁夏用水权信息化体系的数据源基础,是获取数据的渠道,为其他层提供数据支撑;数据存储层是用水权信息数据库所有信息汇集的目的地,是数据存储与管理的基础;服务支撑层依据用水权确权交易平台业务需求,通过数据应用服务、基础服务、管理服务为业务应用系统提供支撑;应用交互层是用户访问业务应用层的入口。整个系统的开发建设遵循信息化项目开发规范和数据标准,并符合信息化建设安全保障体系标准。

5.2.5 用水权交易模式实践创新

5.2.5.1 以用水权证明晰用水权,开展公共供水管网用户用水权交易

宁夏以"八七"分水方案、地下水管控指标方案、河流生态流量控制指标等为刚性约束,按照"四水四定"原则,在分析水资源对"城""地""人""产"四要素约束机制基础上,基于全区可用水量,按照"用好黄河水,用足地表水,保护地下水,增加非常规水"的思路,将黄河水、当地地表水、地下水、非常规水初始水权分配到县级行政区的"三生"用水户,建立总量控制、指标到县、空间均衡的初始水权分配体系。以农业、工业、规模化畜禽养殖业为对象,以三类用水户初始水权分配水量为边界约束,根据取用水监测计量实际,以先进用水定额为主要依据,考虑节水措施,将农业用水权确权到村组或最适宜计量单元,管理到户;将工业用水权确权到工业企业;将规模化畜禽养殖业用水权确权到养殖企业、合作社或养殖大户。

在明晰用水权基础上,针对公共供水管网用户、灌溉用水户等不需申领取水许可证的用水户,《宁夏回族自治区用水权收储交易管理办法》第十三条明确提出:"用水权确权形式包括取水许可证办理和用水权证登记。直接从江河、湖泊、地下取用水资源的,依法办理取水许可证。在公共供水系统取用水的由用水户所在行政区水行政主管部门核定其合理用水量,并发放用水权证。"该办法为公共供水管网用户用水权交易提供了依据。

5.2.5.2 以再生水置换新鲜水,开展再生水水权交易

(1) 再生水相关权属分析

宁夏按照《关于推进用水权改革的指导意见》要求,创新水权交易措施,大力推进再生水等非常规水资源交易,以银川市、石嘴山市为试点城市,积极探索利用再生水置换的用水权交易。宁夏依据我国现行水资源管理体制,考虑国家污水资源化战略及鼓励再生水利用的相关要求,明确提出再生水所有权属国家,地市级、县级人民政府可以代国家实际行使所有权,将再生水用水权明确赋予再生水用户,通过发放用水权属凭证(水源类型注明为再生水)、下达再生水用水指标等方式,明晰再生水用户的用水权;从鼓励再生水利用的角度,明确再生水用水权取得暂免征收用水权有偿使用费。

在再生水经营权归属方面,地市级、县级地方人民政府可以通过特许经营协议等方式将再生水经营权授予再生水运营单位,并在协议中明确再生水运营单位与再生水生产单位、再生水管网运营单位等的权利义务关系。再生水运营企业根据特许经营等相关协议享有再生水经营权,依法依规收取再生水水费,并服从水行政主管部门对再生水资源的统一配置和调度。同时,为了鼓励社会资本参与再生水开发利用和运营,如社会资本参与污水处理形成稳定量达标再生水或者深处理再生水,社会资本可以根据有关地方人民政府授权享有再生水经营权,或者根据再生水运营单位协议享有相应的收益权益。

(2) 再生水用水权交易模式和类型

宁夏重点针对工业企业利用再生水置换新鲜水的用水权、河湖生态补水利用再生水置换黄河水用水权两种情形,以享有新鲜水用水权为前提条件,按照新鲜水用水权是否有偿取得,明确了有偿取得用水权和无偿取得用水权两种不同情形下,可交易用水权指标核准、置换的新鲜用水权归属、可交易用水权的边界范围、交易凭证变更和管理等相关要求。

①工业企业利用再生水的用水权置换和交易

现阶段工业企业利用再生水的用水权置换和交易仅限于该工业企业已经通过办理取水许可证或者用水权证获得黄河水、地下水或者自来水(以下统称新鲜水)的用水权。新建、改建、扩建工业项目直接利用或增加利用再生水的,应向水行政主管部门申请配置再生水。

对属于有偿取得新鲜水用水权的工业企业,其利用再生水后节约并置换出的新鲜水用水权归其享有,经有管理权限的水行政主管部门认定后可以在用水权交易市场进行转让。新鲜水用水权交易适用《宁夏回族自治区用水权市场交

易规则》等有关规定。交易时间一年以上的,其持有的取水许可证或用水权证需办理变更手续。经用水权置换后,企业确权水量由新鲜水和再生水两部分构成,其中再生水用水权由水行政主管部门负责确权工作,给企业发放再生水用水权确权证明,水源类型注明为再生水。试点期间,工业企业利用再生水置换出新鲜水用水权的,可以向原取水许可证或用水权证发放机关提出再生水置换新鲜水申请,由原发证机关进行审查认定,并依法办理取水许可证或用水权证变更手续。

对属于无偿取得新鲜水用水权的工业企业,其利用再生水并相应减少新鲜水利用的,企业原无偿取得的新鲜水用水权不得自行开展交易;企业因利用再生水而节余的新鲜水用水权由地方政府进行收储和交易,地方水行政主管部门积极督促用水企业变更取水许可证或用水权证。为鼓励此类工业企业利用再生水,地方政府可按照用水权有偿使用费标准,并结合相关新鲜水用水权交易收益,对工业企业给予一次性补助资金或部分水权收益分配,具体奖励办法由各试点地区另行制定。

为吸引社会资本参与再生水开发利用和运营,进一步拓展利用领域、扩大再生水利用规模,工业企业或城市杂用增加利用再生水需要扩大再生水管网等设施投资的,置换出的新鲜水用水权由再生水运营单位和工业企业用水单位共同享有,可以综合考虑再生水设施建设投资、再生水深度处理成本、企业再生水利用成本等因素,由相关各方协商确定各自享有的新鲜水用水权比例;协商不成的,可以申请共同的地方人民政府按照公平公正原则和有利于加强再生水利用的原则进行核定。

②河湖生态补水利用再生水的黄河水用水权置换和交易

《宁夏"十四五"用水权管控指标方案》明确提出了2025年全区9.5亿 m^3 的初始生态用水权,其中河湖湿地生态补水指标2.39亿 m^3,并将该初始用水权指标分配至各市和有关县(区),各市和有关县(区)根据本行政区域内河湖的实际情况,将生态用水进一步分解到有关河湖。方案已经明确黄河水指标作为生态补水的水源,即分配了黄河水初始用水权。需要指出,近年来,黄河水利委员会在黄河水资源统一调度过程中高度重视生态调度,根据黄河水来水情况在丰水年赋予宁夏额外河道外生态补水指标,用于宁夏沿黄重要湖泊、湿地生态补水。黄河水利委员会额外分配的河道外生态补水指标,只能用于生态,而不能通过利用再生水进行置换。

对于已经按照《宁夏"十四五"用水权管控指标方案》享有黄河水指标作为生态用水水源的河湖,利用再生水稳定进行河湖生态补水的,可以置换出黄河水生态补水管控指标或用水权(以下称生态补水黄河水用水权)。试点期间,置换出的生态补水黄河水用水权及其后续交易收益,暂归实施再生水生态补水的有关县级行政区享有;再生水生态补水由市级层面实施的,暂归市级政府统筹享有。

申请河湖生态补水置换黄河水用水权的,由实施生态补水的管理部门向市级水行政主管部门提出申请,并提交河湖生态补水用水权置换可行性论证报告,分析论证利用再生水进行河湖稳定生态补水的可行性、再生水补水稳定量测算、置换黄河水用水权数量及其利用方向、可能造成的生态环境影响及其补救措施等。市级水行政主管部门应组织开展技术评审,并就提出置换的年度黄河水数量进行审核和确认,报自治区水利厅备案。经审核确认和备案后,置换出的黄河水用水权可用于市场化交易,交易所得只能用于支付再生水水费和水资源节约保护相关工作。

考虑到河湖生态补水只能稳定利用部分再生水,且其供水保证率与工业或农业供水保证率不同,为保证交易安全和供水安全,河湖生态补水稳定利用再生水水量的比例,按照河湖生态补水用水权置换可行性论证报告合理确定。

5.2.5.3 "合同节水+用水权交易"模式

宁夏鼓励将通过合同节水管理取得的节水量纳入用水权交易,具体以农业节水灌溉、分布式污水处理再生回用为重点,探索建立"合同节水+用水权交易"市场机制,进一步激活用水权交易市场。

(1) 农业节水灌溉"合同节水+用水权交易"市场机制

①运作模式

以引黄灌区贺兰县为对象,采用"投建管服"一体化模式,由社会资本方负责先期筹措项目资金,由社会资本方控股的项目公司负责设计与施工,由社会资本方控股的项目公司对实施的工程及设备提供有偿运营管理,由社会资本方控股的项目公司为使用者提供有偿的基础服务和水肥一体化、无人机植保等增值服务。项目投资建设主要边界条件为:项目总投资7.8亿元,其中政府投资700万元,社会资本方投资3.7亿元,政府专项补贴4.03亿元;项目建设工期为5年,项目合作期为20年。

②交易模式

采用PPP模式进行交易。由贺兰县人民政府与京蓝沐禾节水装备有限公司和北京奥特美克科技股份有限公司成立SPV平台公司。政府出资3%,社会资本方出资97%。

③回报机制

实行使用者付费制度。由项目公司向用水户及相关使用单位收取农业灌溉用水水费;目前主要以灌溉托管服务的形式收取用户服务费,平均每亩地每年70元左右。实行水权交易收入按比例分配制度。节水交易收入由项目公司通过节水交易获得,项目公司在节水交易前向政府上报节水交易方案,经政府批准后执行。水权交易收入由贺兰县人民政府与社会资本方按4∶6的比例进行分配。

④实施效果及效益

项目核心内容之一是对灌区管理体制机制的改革和推广,重点涉及工程产权确权、管养分离、水流产权确权、农业水价综合改革、水权交易和管理服务社会化等。同时,在政策法规、管理能力和灌区服务体系中深化改革。管理部门涉及渠道管理处、县水务局、基层水管单位及农民用水户协会,管理层次清晰、明确。项目将从本质上改善了灌区管理和运行的现状体制与机制,提升了灌区综合管理能力。项目实施后,有效缓解了贺兰县水资源供需矛盾。据统计,2020年自治区分配贺兰县夏秋灌用水指标4.12亿 m^3,实际用水量3.45亿 m^3,夏秋灌节水6 700万 m^3。

(2) 分布式污水处理再生回用"合同节水+用水权交易"市场机制

①运作模式

以典型分布式污水处理再生回用一体化合同节水试点项目为对象,由政府及社会资本投资开展分布式污水处理再生水回用一体化设施建设及运行维护,并将再生水置换和节约的自来水进行收储,达到规定的用水保证率后,通过用水权收储交易获得交易收益。

②交易模式

在公共供水管网用水户确权基础上,总体可采取"先节水后交易"或"先预售后节水"两种模式。根据分布式污水处理再生水回用一体化设施建设运行企业是否直接参与交易,每种模式下又可以细分为直接参与交易或者委托供水企业代销两种方式。通过摸底调查、确立合同节水商务模式(节水效果保证型、设备租赁等适用模式及其组合)、实施合同节水量收储、合同节水量评估、合同节水量交易或委托销售等五个阶段,实现用水权交易,并按照协议约定分配交易收益。

③回报机制

根据分布式污水处理再生水回用一体化设施建设运行特点,合同节水的基本模式宜选择节水效果保证型、设备租赁等模式。对于原自来水用户而言,其节约了自来水水费和用水权有偿使用费;对于专业污水处理回用公司等专业节水公司而言，其可节约自来水水费、有偿使用费，按照协议约定的分配方式获取交易收益，还可以与原自来水用水权人（用水户）协商按照比例分配交易收益；对于供水企业而言，通过委托代销方式进行用水权收储交易，不仅有助于同管网内水量优化配置，还可通过与管网外用水户开展交易，或由政府对节约用水权收储，从而获得交易收益分成。

第6章 用水权市场化配置中的价格机制研究

6.1 水资源税、供水水价与用水权有偿使用费的关系

6.1.1 水资源税与供水水价之间的关系

6.1.1.1 水资源税

水资源税是国家对水资源征收的税种。2009年,国务院批转发展改革委《关于2009年深化经济体制改革工作的意见》,明确提出研究制订并择机出台资源税改革方案。2013年,十八届三中全会通过的《中共中央关于全面深化改革若干重大问题的决定》明确要求加快资源税改革,逐步将资源税扩展到占用各种自然生态空间。2016年5月,财政部和税务总局联合印发《关于全面推进资源税改革的通知》,组织开展水资源税改革试点工作,并率先在河北试点,采取水资源费改税方式,将地表水和地下水纳入征税范围,实行从量定额计征,对高耗水行业、超计划用水以及在地下水超采地区取用地下水,适当提高税额标准,正常生产生活用水维持原有负担水平不变。2017年11月,财政部、税务总局、水利部联合印发《扩大水资源税改革试点实施办法》,将北京、天津、山西、内蒙古、山东、河南、四川、陕西、宁夏纳入试点范围。

(1)征收主体

水资源费改税后,征收主体由水行政主管部门调整为税务机关。根据取水许可审批管理要求,水资源税具体由取水审批部门所在地的地方税务机关征收。其中,由流域管理机构审批取用水的,水资源税由取水口所在地的地方税务机关征收;由国务院或其授权部门批准的跨省、自治区、直辖市水量分配方案调度的

水资源,水资源税由调入区取水审批部门所在地的地方税务机关征收。

(2) 征收对象

当前我国水资源税征收范围为纳入水资源税改革试点的北京、天津、河北、山西、内蒙古、山东、河南、四川、陕西、宁夏等十个省(自治区、直辖市),征税对象为地表水和地下水。《扩大水资源税改革试点实施办法》规定了无需缴纳水资源税的六种情形,包括:①农村集体经济组织及其成员从本集体经济组织的水塘、水库中取用水的;②家庭生活和零星散养、圈养畜禽饮用等少量取用水的;③水利工程管理单位为配置或者调度水资源取水的;④为保障矿井等地下工程施工安全和生产安全必须进行临时应急取用(排)水的;⑤为消除对公共安全或者公共利益的危害临时应急取水的;⑥为农业抗旱和维护生态与环境必须临时应急取水的。

(3) 征收标准

《扩大水资源税改革试点实施办法》规定了试点省级行政区水资源税最低平均税额,主要依据税费平移原则,按照原水资源费征收标准进行平移,并按照地表水、地下水分类计征。其中,地表水最低平均税额为 0.1~1.6 元/m³,地下水为 0.2~4 元/m³。为发挥水资源税价格杠杆作用,按不同取水用途实行差别征税,对地下水超采地区取用地下水的加征 1~4 倍;对超计划或超定额用水的加征 1~3 倍;对特种行业(洗车、洗浴、高尔夫球场、滑雪场等)从高确定税额,具体由省级人民政府统筹考虑本地区水资源状况、经济社会发展水平和水资源节约保护要求确定。

除上述六种不需纳税的情形外,《扩大水资源税改革试点实施办法》还规定了税收减免的六种情形,包括:①规定限额内的农业生产取用水,免征水资源税;②取用污水处理再生水,免征水资源税;③除接入城镇公共供水管网以外,军队、武警部队通过其他方式取用水的,免征水资源税;④抽水蓄能发电取用水,免征水资源税;⑤采油排水经分离净化后在封闭管道回注的,免征水资源税;⑥财政部、税务总局规定的其他免征或者减征水资源税情形。

6.1.1.2 供水水价

(1) 供水水价的概念内涵

国家发改委、住建部 2021 年颁发的《城镇供水价格管理办法》明确提出了城镇供水水价的定义,即:城镇公共供水企业通过一定的工程设施,将地表水、地下水进行必要的净化、消毒处理、输送,使水质水压符合国家规定的标准后供给用户使用的水价格。可见,供水水价属于终端价格。

(2) 供水水价构成

供水水价以成本监审为基础,按照"准许成本加合理收益"的方法,先核定供水企业供水业务的准许收入,再以准许收入为基础分类核定用户用水价格。供水企业供水业务的准许收入由准许成本、准许收益和税金三部分组成。其中,供水企业准许成本包括固定资产折旧费、无形资产摊销和运行维护费,相关费用通过成本监审确定;准许收益按照有效资产乘以准许收益率计算确定;税金包括所得税、城市维护建设税、教育费附加,依据国家现行相关税法规定核定。在水资源管理实践中,水资源税(费)通常纳入供水成本。宁夏在新一轮水资源税改革中,将水资源税纳入供水企业成本核算中。

6.1.1.3 水资源税与供水水价之间的关系

(1) 水资源费与水资源税的关系

从税收的本质分析,税收是国家以公共管理者身份,凭借政治权力,通过颁布法律或政令来进行征收的,具有强制性、无偿性和固定性;费用是对政府提供的有关行政服务的一种补偿,反映的是一种等价的服务关系。从征收方式看,税收需要经过严格的立法程序,依据正式的税收立法征收;费用一般需要通过行政程序,依据部门规章进行征收。从征收主体看,税收的征收主体是代表政府的各级税务机关和海关;而费用的征收主体是其他行政机关和事业单位。此外,费用一般可以纳入成本,转嫁于用户,而税收一般计入利润,由企业负担。

水资源税作为一类自然资源税,是国家凭借政治权力,对开发利用水资源的单位和个人征收的一种税,是水资源国家所有权的经济体现,反映的是一种法律关系,税款主要用于水资源开发利用、节约保护、污染治理、技术创新、基础研究等领域。水资源费则是由县级以上地方水行政主管部门按照取水审批权限负责征收,反映的是对政府提供水资源管理、保护等有关公共服务的一种经济补偿,费用主要用于满足国家或地方在水资源开发利用、节约保护和管理等相关领域的业务工作。

(2) 水资源税(费)与供水水价的关系

供水水价是供水管理单位通过供水工程向用水户进行供水并收取的供水服务费用,由供水生产成本、费用、利润和税金构成,具体按照补偿成本、合理收益、优质优价、公平负担原则制定供水水价,并根据供水成本、费用及市场供求的变化情况适时调整。供水水价的本质是供水单位提供供水服务(如蓄水、输水、水质净化、配水等服务)所收取的费用,与国家水资源税(费)存在本质的区别。

6.1.2 用水权有偿使用费与水资源税的关系

用水权有偿使用费是各类用水户为了取得用水权而必须向相关权利人缴纳的费用,属于原用水权人让渡用益物权产生的交易费用,体现水资源国家所有权的收益权;水资源税是直接从江河、湖泊或地下取水的各类取用水户向税务机关缴纳的费用,是国家以公共管理者身份,凭借公权力,依据《水法》《取水许可和水资源费征收管理条例》等法律法规无偿征收的,具有强制性、无偿性和固定性。

因此,用水权有偿使用费与水资源税性质不同,但就用水权人的"准用益物权"或"准财产权"而言,其取得用水权时缴纳了用水权有偿使用费,之后,又要根据实际用水量缴纳水资源税,存在着先"收费"再"征税"的重复收费之嫌。宁夏在用水权改革中,有效地区分了水资源税和用水权有偿使用费的缴纳主体,水资源税的缴纳主体为取水端用户,用水权有偿使用费的缴纳主体为用水端用户,体现了有偿取得和有偿使用原则。从法律的视角分析,这是水资源所有权具有"公""私"双重属性,国家同时承担水资源所有权行使人和行政管理者两种角色导致的必然结果:一方面,国家作为私法上的水资源所有权人,要行使所有者的占有、使用、收益、处分等权利,要求以市场价计征用水权有偿使用费;另一方面,国家作为公法上的行政管理者,有基于公共管理成本而产生的行政上的征税权力。我国《宪法》《民法典》《水法》等已经明确了水资源国家所有权,基于经济社会发展需要和水资源税费征收的惯性,无论是法律法规还是制度,都没有太大的调整空间,要求以用水权改革的"小切口"撬动经济社会高质量发展的"大变革",即在现有用水权有偿使用费与水资源税并行的大框架内,通过合理设置用水权有偿使用费征收标准,同时考虑水资源节约和保护利用的有关要求,与水资源税进行统筹确定。

总之,用水权有偿使用费与水资源税征收均有相应的理论基础和现实依据,二者之间既不相同,也不冲突。这是水资源所有权与用水权分离后的结果,也是水资源"有偿取得、有偿使用"的必然选择。

6.2 深化供水水价分类改革

6.2.1 完善非农用户水价体系

6.2.1.1 完善居民生活阶梯水价制度

按照《关于建立健全节水制度政策的指导意见》《黄河流域生态保护和高质

量发展规划纲要》提出的完善居民阶梯水价制度、适度提高引黄供水城市水价标准等要求,宁夏针对城镇居民生活用水和具备使用公共供水管网供水条件的农村居民生活用水实行阶梯水价,按照"覆盖成本、合理收益、节约用水、公平负担"等原则,优化调整居民生活用水一、二、三级阶梯水价。

以宁夏中卫市辖区城市供水价格为例,通过对市辖区2017—2019年度城市供水进行成本测算,核定单位定价成本为1.73元/m^3,在此基础上由市发改委牵头制定了水价调整方案,一级水价($\leqslant 12\ m^3$/户·月)由1.6元/m^3调整为2.2元/m^3;二级水价(12~18 m^3/户·月)由2.35元/m^3调整为3.3元/m^3;三级水价($> 18\ m^3$/户·月)由3.15元/m^3调整为6.6元/m^3。按照一次定价、分步实施原则,至2023年6月底,已按新标准执行新水价。

6.2.1.2 完善非居民用水超定额累进加价制度

非居民用水包括管网内工业用水、经营性服务业用水、行政事业单位用水、市政用水、消防用水、特种行业用水等。当前,针对非居民用水,我国大多数省级行政区已实行超定额累进加价制度。以宁夏为例,按照《关于印发宁夏城镇非居民用水超定额累进加价制度实施方案的通知》(宁价商发〔2018〕16号)、《自治区发展改革委员会关于创新和完善促进绿色发展价格机制的实施意见》[宁发改价格(管理)〔2019〕571号]文件要求,针对学校及公用事业、机关事业单位、经营服务业、特种行业等用水,实行超定额累进加价制度,原则上水量分档不少于三档,二档水价加价标准不低于0.5倍,三档水价加价标准不低于1倍,对"两高一剩"行业实行更严的分档和加价标准,高耗水工业和服务业实行高额累进加价,具体分档水量和加价标准由各市、县自行确定。如宁夏灵武市规定,机关事业单位定额内2.5元/m^3,工业、经营服务业定额内2.9元/m^3;特种行业用水定额内10元/m^3。非居民用水超定额部分在基本水价基础上加价,具体标准为:超10%以内加价1倍缴纳;超10%~20%加价2倍缴纳;超20%~30%加价3倍缴纳;超30%~40%加价4倍缴纳;超40%以上除加价5倍外,责令用水单位限期采取节水措施,拒不采取措施的,限制其用水量。

同时,按照《黄河保护法》第五十六条"高耗水工业和服务业水价实行高额累进加价"要求,对高耗水工业和高耗水服务实行高额累进加价制度。针对经有关部门认定并公布的高耗水工业、高耗水服务业,在上述各分档加价幅度基础上增加1倍;针对经有关部门认定并公布的限制类项目,在上述各分档加价幅度基础上增加2倍。

6.2.1.3 完善工业超计划用水累进加价制度

针对纳入计划用水管理的工业用水户,主要实行超计划用水累进加价制度。以宁夏为例,通过修订《宁夏回族自治区计划用水管理办法》,宁夏将年用水量 1 万 m³ 以上的工业企业全部纳入计划用水管理,工业企业用水户实际用水量每超过用水计划量的 10%,按照现有工业供水价格的 50% 累进加价。自治区各地市结合自身实际情况,分别制定了细化措施。以银川市兴庆区为例,兴庆区以年用水量 1 万 m³ 以上企业为对象,实现了用水计划全覆盖,并制定《兴庆区工业用水权超计划加价管理办法(试行)》等制度,将计划用水与用水权使用费收缴、超计划累进加价、用水权交易工作相结合,通过"计划用水量申报→拟定计划量→下发用水权使用费征缴通知书→计划量认领下达→预警及水权交易→执行超计划用水累进加价制度"的"六步走"措施,确保工业超计划用水加价制度落地生效。

6.2.2 深化农业水价改革

6.2.2.1 探索建立农业灌溉超定额累进加价制度

宁夏以国家新一轮用水权改革为契机,积极探索农业水价综合改革。如宁夏回族自治区水利厅会同自治区发改委、财政厅、农业农村厅共同制定《关于落实用水权改革 加强农业用水管理行动方案》,明确规定农业灌溉实行超定额累进加价制度。其中,定额标准按照《自治区人民政府办公厅关于印发宁夏回族自治区有关行业用水定额(修订)的通知》执行,引黄干渠超定额水价按价格部门批复执行,末级渠系超定额水价按基准水价执行,暂不加价。按照上述要求,相关县(市、区)通过出台相关文件,明确分档水量和加价标准,如银川市西夏区规定超定额用水 20% 以内(含 20%)部门按定额内水费标准加 1.2 倍收费,超定额用水 20% 以上部分按定额内水费标准加 3 倍收费;银川市贺兰县规定超定额用水 30% 以内(含 30%)部分按定额内水费标准加 1.2 倍收费,超定额用水 30% 以上部分按定额内水费标准加 1.5 倍收费。对于用水单元(用水户)超定额累进加价水费计费周期和收取方式,通常以年作为一个计量缴费周期,或者结合水费缴费周期收取。实行超定额用水累进加价形成的收入,按照"取之于水、用之于水"的原则,主要作为县级财政和税务部门收入,专项用于水利工程设施改造、计量设施安装、节水宣传和培训、节水达标县建设相关工作,同时计取一定比例,用于节水奖励和精准补贴等。

6.2.2.2 建立健全农业水价形成机制

(1) 推动建立"骨干渠道＋末级渠系"终端水价制度

在新一轮用水权改革中,宁夏积极探索建立"骨干渠道＋末级渠系"终端水价制度,为完善农业水价形成机制提供了有益借鉴。其中,骨干供水工程水费实行"收支两条线"管理,供水单位人员工资及公用经费、渠道维修养护费的差额部分由自治区财政全额保障,形成政府与农民合理分担的骨干水价形成机制。末级渠系水费收缴按照"统一收取、分级管理"原则,实行"收支两条线",统一纳入地方本级预算管理、专账核算,拨付到基层水管组织,主要用于"两费"开支。截至2022年底,全区22个县(市、区)全部完成末级渠系水价成本测算、监审、批复和执行,自流灌区平均末级水价为0.039元/m^3,扬水灌区平均末级水价为0.254元/m^3,从根本上解决了末级渠系水价不明确、收费不规范等问题,有效发挥了价格杠杆作用,保障了农田水利工程的良性运行。

(2) 稳步调整农业水价

在新一轮用水权改革中,宁夏积极推进农业水价综合改革工作。在维持现有区属水管单位经费实行"收支两条线"和电费补贴政策的情况下,综合考虑供水成本、水资源稀缺程度以及用户承受能力等,合理制定农业用水价格。根据各地经济社会发展水平,适时调整农业水价,逐步提高到运行维护成本水平。持续推动引黄自流灌区骨干灌排工程、扬黄灌区骨干灌溉工程供水价格达到运行维护成本水平。各县(市、区)可根据实际情况,同步调整引黄灌区骨干工程以下末级渠系水价和库井灌区水价。北部引黄灌区井渠结合灌区鼓励开采应用浅层地下水,地下水和渠水执行同一价格。

(3) 规范水费收缴

供水水费实行"统一征收、分级管理"。在宁夏新一轮用水权改革中,干渠水费由县级水行政主管部门与水管单位核定后,缴入水管单位账户,由水管单位统一缴入自治区财政专户。各县(市、区)末级渠系水费不再上缴自治区财政专户,统一纳入地方本级预算管理、专账核算,实行"收支两条线",主要用于末级渠系水管人员工资和灌排设施维修养护等。水费实行公示公开制度,水管单位将干渠直开口水量、水费公开到乡镇、基层水管组织;县(市、区)水务部门及时组织基层水管组织将水费信息公开到用水户。以乡镇场为单位,成立基层灌溉服务公司(灌溉服务合作社),各县(市、区)根据自身情况制定印发基层水利服务组织管理办法等规章,明确服务公司或乡镇合作社运行管理办法,规范水费收缴制度,实现"水有人管、渠有钱修"。各县(市、区)将末级渠系水费纳入地方本级财政预算,实行"收支两条线"管理,专账核算,基层水管人员工资和末级渠系工程维修养护经费得到有效保障,确保水利工程"最后一公里"有钱管,促进了基层用水管理组织正常运转和水利工程良性运行。水费推行电子化收缴模式,水量水费定期公示公开,增加了水费收缴透明度。

6.2.2.3 建立农业用水精准补贴和节水奖励机制

建立农业用水精准明补和节水奖励机制是提升农业节水内生动力的重要举措。在新一轮用水权改革过程中,宁夏通过制定《宁夏回族自治区节约用水奖补办法》,按照"分级奖励、注重实效"的原则,针对自治区级节水型灌区,一次性奖补 50 万元。各县(市、区)根据自身实际均制定出台了农业水价综合改革精准补贴及节水奖励办法,有效改变了"节不节水一个样""节多节少一个样"的不合理现象,极大地调动了农民节约用水的意愿,增强了灌溉节水内生动力。

以中卫市中宁县为例,在精准补贴方面,县财政每年安排资金 200 万元,以农业水价综合改革高效节水灌溉区域内的定额内用水单位为补贴对象,对能够严格按照设计方案中规定的灌水方式进行灌溉,实现"测控一体、水肥一体",且使用效果达到工程设计预期目标的,由水务局和农业农村局进行考核,按照 5 元/亩的标准进行补贴,由县财政局依据考核结果拨付补助资金。同时规定:对用水户终端水价等于或高于运行维护成本水价的,不予补贴;对因运行管护不善超定额用水、种植非粮食作物及征收水费不合规(如搭车收费、超标准收费)的,均不予补贴。在节水奖励方面,以积极推广应用工程节水、农艺节水,调整优化种植结构等实现节水的用水主体为对象,奖励到农业灌溉服务专业合作社、国营农场等单位,对全县全年节水量突出的合作社或国营农场等单位给予资金奖励。各乡镇农业灌溉服务专业合作社年度灌溉用水定额内节水,奖励 0.021 元/$m^3 \cdot a$。其中,专业合作社奖励 0.007 元/$m^3 \cdot a$,水管员奖励 0.007 元/$m^3 \cdot a$,节水户奖励 0.007 元/$m^3 \cdot a$。精准补贴资金原则上优先用于补助工程维修养护经费、水管员工资、管理公共费用等缺口;节水奖励资金原则上用于补偿用水主体水费或继续扩大节水规模投资。

6.3 深化水资源税改革

6.3.1 调整公共供水管网用水户的水资源税计税环节

6.3.1.1 现状征收模式及存在问题分析

(1) 现状征收模式

根据《水资源税改革试点暂行办法》和《扩大水资源税改革试点实施办法》，试点省（自治区、直辖市）开征水资源税后，应当以水资源税代替水资源费。公共供水管网用水户并不直接从江河、湖泊或地下取水，其用水取自公共供水管网，按照现行管理政策制度，地方水行政主管部门按照属地管理原则，向管辖区域内公共供水企业征收水资源税，但实践中，由于公共供水企业取用水的特殊性，不同省（自治区、直辖市）实际征收模式存在一定差异。

①公共供水企业缴纳模式

水资源税（费）由公共供水企业向具有管理权限的地方水行政主管部门缴纳，相关税（费）以供水成本形式分摊至供水范围内的用水户。对于用水户而言，其虽不直接缴纳水资源税（费），但相关税（费）已经包含在用水户支付的水费中。如江苏省公共供水企业的水资源费按照取水量扣除15%的漏损率计征；陕西省根据供水公司的售水量，按照0.3元/m³计征，若供水企业售水量不足取水量的80%，则按照取水量的80%计征；山东省也规定按供水企业取水量扣除固定的公共供水管网漏损量计征。

②公共供水企业代为征收模式

部分城市采取公共供水企业代为征收的模式，如北京、济南等城市将自来水水费单据和污水处理费单据合并，在保持水费价格不变的前提下，公共供水企业向用水户收取的费用包含供水成本、污水处理费、水资源费。用水户缴费后，再根据相关办法将各项费用纳入不同账户进行管理。

③水资源税（费）单列模式

部分城市采取水资源税（费）单列模式，水资源税（费）不计入公共供水企业的供水成本，而是由企业按照规定在终端用水环节采取单列的形式计征。如太原、武汉、贵阳等城市，规定城市公共供水企业和水利工程供水企业的水资源税（费），在终端供水环节采取水资源税（费）单列的模式计征。

(2) 存在的主要问题

公共供水企业代为征收模式和水资源税(费)单列模式均以终端用水户用水量为计征依据,公共供水企业缴纳模式虽然以取水量为计征依据,但是也以固定的管网漏损率进行折算。总体而言,当前水资源税计征模式存在以下主要问题。

①以终端用水户用水量为计征依据不利于公共供水企业节水

公共供水企业代为征收模式和水资源税(费)单列模式均以终端用水户用水量为依据征收水资源税(费),由于从取水口到终端用水户存在制水损失和输水损失,在这两种计征模式下,制水损失和输水损失量未纳入计征范围。公共供水企业缴纳模式尽管考虑了输水损失,但是依据售水量或考虑固定的输水损失后进行折算。对于公共供水企业而言,其向地方税务机关或水行政主管部门缴纳的水资源税(费)全部由终端用水户承担,或按照固定的漏损率进行折算,因此难以激发公共供水企业节水的动力。

②终端用水户数量多,税费征收难度大

相对于取水端而言,终端用水户数量往往较多且分布分散。现行水资源管理制度下,国家对于终端用水户信息登记没有统一要求,终端用水户基础数据信息不完整,并且实践中存在企业关停并转等实际情况,导致系统中登记的用水户和实际用水户不一致。若区分用水户进行差别征税,终端用水户登记、甄别、核查工作量巨大,征收难度较大。此外,由于监测计量设施不到位、征收力量不足等原因,可能存在应征未征的情况。因此,以公共供水企业为对象,从取水端入手,依据其实际取水量计征水资源税(费),可有效减少登记、甄别、检查工作量,且更有利于水资源税(费)征收管理。

6.3.1.2 改末端计征为取水端计征的优势及节水效果分析

(1) 改末端计征为取水端计征的优势

相对于用水终端计征模式,从取水端计征水资源税(费)具有以下优势。

①有利于倒逼区域优化调整用水结构

公共供水系统,特别是大型供水系统多包含地表水、地下水、过境水、外调水等多个水源,或横跨地下水超采区与非超采区、地表水资源超载区与非超载区等多个区域。从取水端计征水资源税(费),不仅便于区分地表水、地下水、外调水等不同类型水源,也易于区分取水口是否属于超载区或超采区等。根据《水资源费征收使用管理办法》《扩大水资源税改革试点实施办法》的相关要求,这种征税(费)方式有利于发挥水资源税(费)的价格杠杆作用,倒逼用水户选择适宜的水源,在区域尺度上,可有效抑制地下水超采和不合理用水需求,调整优化用水结构。

②有利于激发公共供水企业节水内生动力

水资源从江河湖泊或地下等自然水循环系统进入经济社会系统过程中,存在一系列水量损失。以地表水取水口为例,供水工程通常包括取水头部、取水管、泵站或加压设备、净水厂及配水管网等,从取水口到终端用户主要包括取水、制水、输水等环节。取水端计征水资源税(费),公共供水企业的制水损失和输水损失均纳入税(费)计征范围,公共供水企业为了节约供水成本,将采取工程措施和管理措施降低制水和输水损失。因此,从末端计征改为取水端计征,扣除合理漏损后可以激发公共供水企业自发节水的内生动力,真正把损失量降到合理区间,从而有利于节水。

③有利于促进水资源税(费)应缴尽缴

与终端用户计征方式相比,取水端计征水资源税(费)还有利于充分发挥公共供水企业的监督作用,促进公共供水企业监督终端用水户的取用水行为和依法依规缴纳水资源税(费),避免因监测计量不到位、税(费)征收监督管理不到位形成漏洞,从而有利于促进水资源税(费)应缴尽缴。

(2)取水端计征水资源税(费)的节水效果分析

取水端计征水资源税(费)的节水效果主要体现在制水和输水两个关键环节。

①制水环节

制水环节指公共供水企业采取净化、消毒等水处理工艺流程将原水加工为符合相应水质标准的产品水的过程。以地表水为例,典型公共供水企业的制水环节见图6.1。制水环节的水量损耗主要是净水厂自身消耗水。

通过分析公共供水企业水处理工艺、供水系统及供水终端用水器具可知,排水主要为排泥水与反冲洗水。其中,采用气水反冲洗V型滤池,与大阻力配水系统的普通快滤池相比,出水效果好,且反冲洗水量和阻力低,可减少50%的反冲洗水量;通过设置生产废水回收建筑物,使沉淀池排泥水集中至污泥干化塘;滤池反冲洗排水井沉淀处理后回用,可有效降低水厂的自用水。以安徽合肥某水厂为例,该水厂取水量20万 m^3/d,通过采取上述节水措施,水厂损耗水量由原来的7 200 m^3/d下降为700 m^3/d,节水效果显著(王丽娟,2020)。

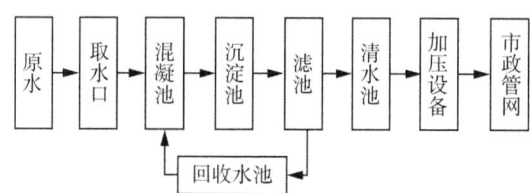

图6.1 典型公共供水企业制水环节

②输水环节

公共供水管网漏损量是供水过程中的主要水量损失来源之一,尽管近年来我国城镇公共供水管网漏损率控制取得明显成效,但与发达国家相比,还存在较大的提升空间。2022年1月,住房和城乡建设部办公厅、国家发展改革委办公厅联合印发《关于加强公共供水管网漏损控制的通知》,明确提出到2025年,全国城市公共供水管网漏损率力争控制在9%以内。围绕这一目标,通知提出了四大类工程和一项管理机制,即:供水管网更新改造工程、分区计量工程、压力调控工程、智能化建设工程,以及完善供水管网管理制度。

在上述五项措施中,供水管网更新改造工程是降低输水漏损量最有效的途径。供水管网改造节水效果通过供水管网漏损率指标变化反映,计算公式为:

$$\Delta W_c = W_c \times (L_1 - L_2) \tag{6-1}$$

式中:W_c为现状城镇生活用水量(包括建筑业和第三产业),万 m^3;L_1、L_2分别为现状、未来城镇供水管网漏损率,%。

根据2021年《中国城市建设统计年鉴》,可以计算2020年黄河流域各省级行政区公共供水管网漏损率。根据《国家节水行动方案》《水利部关于实施黄河流域深度节水控水行动的意见》《"十四五"节水型社会建设规划》,结合《关于加强公共供水管网漏损控制的通知》《城镇供水管网漏损控制及评定标准》等要求,拟定2025年、2035年黄河流域公共供水管网漏损率(表6.1)。

表6.1 黄河流域城镇公共供水管网漏损率规划水平年目标值　　单位:%

省级行政区	2020年	2025年目标值	2035年目标值
山西	8.7	8.5	8
山东	10.8	10	9
河南	12.6	12	9
内蒙古	15.1	14.5	9
陕西	8.2	8	8
甘肃	8.1	8	8
青海	9.1	9	9
宁夏	10.3	10	9
四川	12.4	12	9

按照式(6-1)计算得到黄河流域九个省级行政区 2025 年、2035 城镇公共供水管网改造形成的节水潜力(表 6.2)。

表 6.2　黄河流域城镇公共供水管网改造节水潜力　　　　单位:万 m³

省级行政区	现状城镇公共用水量	2025 年节水潜力	2035 年节水潜力
山西	1.38	27.6	96.6
山东	6.02	481.6	1 083.6
河南	2.90	174	1 044
内蒙古	1.21	72.6	738.1
陕西	1.15	23	23
甘肃	0.67	6.7	6.7
青海	0.32	3.2	3.2
宁夏	0.26	7.8	33.8
四川	5.65	226	1 921
合计	19.56	1 022.5	4 950

可见,黄河流域九个省级行政区 2025 年、2035 年形成的总节水潜力分别为 1 022.5 万 m³ 和 4 950 万 m³。其中,2025 年山东省节水潜力最大,为 481.6 万 m³;青海省节水潜力最小,仅 3.2 万 m³,主要是由于其公共供水量小、现状供水管网漏损率较低。2035 年四川省节水潜力最大,为 1 921 万 m³,山东省、河南省分别列第二、第三;青海、甘肃、陕西三省管网漏损率已经较低,本书假定 2035 年保持在 2025 年同等水平,因此这三个省 2035 年节水潜力与 2025 年相比未发生变化。

6.3.2　建立取水许可和水资源税征收联动机制

根据《扩大水资源税改革试点实施办法》,水资源税实行从量计征,用水户实际取用水量、发电企业发电量、疏干排水的排水量与适用税额是计征的重要依据。水资源费改税后,水资源税由税务机关征收,而取水许可审批、取用水监测计量由水行政主管部门负责,为做好征税工作,应建立取水许可和水资源税征收联动机制。

6.3.2.1 建立税务机关与水行政主管部门协作征税机制

建立税务机关与水行政主管部门协作征税机制是水资源税计征工作的重要基础。《扩大水资源税改革试点实施办法》对建立税务机关与水行政主管部门协作征税机制有明确规定,其中第二十二条规定:水行政主管部门应当将取用水单位和个人的取水许可、实际取用水量、超计划(定额)取用水量、违法取水处罚等水资源管理相关信息,定期送交税务机关。纳税人根据水行政主管部门核定的实际取用水量向税务机关申报纳税;税务机关应当按照核定的实际取用水量征收水资源税,并将纳税人的申报纳税等信息定期送交水行政主管部门。税务机关定期将纳税人申报信息与水行政主管部门送交的信息进行分析比对。征管过程中发现问题的,由税务机关与水行政主管部门联合进行核查。

一方面,根据《取水许可和水资源费征收管理条例》,县级以上地方人民政府水行政主管部门或者流域管理机构是取水许可申请的受理、审查和决定机构,也是取水许可证的审批、核发机构,以及取用水监督管理和计划用水管理机构。取用水单位和个人的取水许可、实际取用水量、超计划(定额)取用水情况等是计征水资源税的重要依据,而这些相关信息由具有管理权限的水行政主管部门掌握,因此该办法提出了将这些信息定期送交税务机关的要求。另一方面,纳税人的申报纳税信息包含企业类型、人员规模、经营范围、主要产品等基本信息,这些信息是核定许可取水量额度的重要依据,因此该办法提出了将这些信息定期送交水行政主管部门的要求。此外,为了保证纳税人信息的准确性,还规定税务机关定期将纳税人申报信息与水行政主管部门送交的信息进行分析比对;征管过程中发现问题的,由税务机关与水行政主管部门联合进行核查。

6.3.2.2 建立取水许可和水资源税征收联动机制的相关建议

(1)加强规范要求,落实信息共享

水行政主管部门负责取水许可审批工作,税务部门负责水资源税的征收工作,水务、行政审批和税务部门落实信息共享,在国家税务总局实现水资源税征收取用水信息管理系统(水务端)和税务系统的金税三期系统之间线上传递涉税信息的基础上,通过建设自治区水资源税征收管理信息系统,搭建科学化、精准化的水资源税信息共享平台,及时汇交相关信息,实现水务和税务信息及时共享、申报数据比对及第三方信息的获取与应用,保障用水户(纳税户)、取用水量、用水结构、纳税额、监管工作进展等信息同时被两部门掌握,实现取水许可和水资源税征收联动。

(2) 加强取水许可管理,做好系统维护

加强取水许可管理与规范取用水相关法律法规和规章制度的宣传教育,建立信息共享机制,对新增取水或取水许可证到期的取用水户,水行政主管部门应提前告知取用水户到取水许可行政审批部门办理申请或延续手续,避免出现由用水户未及时办理取水许可或取水许可过期导致税务部门对用水户加倍征收水资源税现象发生。水务和税务部门依据职责,及时做好取水许可电子证照信息整编和数据交换平台、水资源税信息管理系统以及取水监测计量设施的运维工作。

(3) 加强信息共享,建立预警机制

水行政主管部门和税务部门应加强信息共享,按期对用水户实际取用水量与水资源税纳税人申报水量进行比对,建立台账,发现问题及时移交有权限的管理部门依法依规进行处理,立查立改。建立预警管理机制,采用"月调度、季汇总、年统计"等方式,对取用水量接近计划量、许可量的进行临界预警,及时发现整改超计划用水和超许可用水行为。

第7章 基于过程管控的用水权交易监测监管体系构建

7.1 用水权交易监测监管现状分析

7.1.1 取水监测计量现状

取水监测计量是从严从细管好水资源的最基本手段,是强化水资源刚性约束的重要内容,是水行政主管部门实施取水许可、水资源税(费)征管、用水统计调查等管理制度的重要抓手。近年来,我国取水监测计量体系建设工作加快推进,有关政策标准体系不断完善,取水量计量率和在线计量率不断提升。但与从严从细管好水资源的要求相比,仍存在覆盖面不全、准确度和在线率不高、信息平台功能不完善、数据共享程度不足等问题。因此,水利部于2021年印发了《关于强化取水口取水监测计量的意见》,对取水监测计量工作作出系统安排部署,要求全面提高监测计量覆盖面,着力提升监测计量数据质量,切实强化监测计量成果应用。按照4个取水口监测能力指标进行定量分析,2019年全国整体取水口计量率约为30%,取水量计量率约为65%,全国取水口在线计量率约为10%,取水量在线计量率约为50%(孙健等,2023)。我国目前有取水口590多万个,涉及不同取水用途、取水规模、取水水源,点多面广量大。按取水用途划分,农业用水的取水口计量率相对较低,大多数在50%以下;工业用水和生活用水取水口计量率较高,普遍在80%以上。按水源类型划分,全国地下水取水口占比95.3%,地下水供水量占比14.4%。

取水监测计量也是用水权确权、交易的基础。围绕用水权交易实践需求,取用水监测计量不仅应覆盖用水权交易出让方、受让方等各类主体及用水权流转的全过程,还应细化至确权单元,从而为交易水指标核准提供基础支撑。以宁夏为例,根据精细确权和交易要求,大型引水、扬水灌区计量到村组对应的末级渠口(支渠、斗渠或农渠),库灌区、井灌区计量到户;工业计量到工业企业;规模化畜禽养殖业计量到企业、合作社或养殖大户。据统计,截至2023年底,宁夏全区已安装测控一体化闸门4 784套,52%的干渠直开口实现测控一体化,其余干渠直开口采用明渠水工建筑物测流法进行计量;末级渠系确权计量单元共有7 514个,监测计量率为99.3%,其中自动化监测率38.3%;工业企业取用水监测计量率为100%,为用水权交易监管提供了有效支撑。

7.1.2 用水权交易监督管理现状

7.1.2.1 国家层面

(1) 法律法规和政策制度

我国《水法》明确县级以上水行政主管部门是区域水权分配的监督和管理主体。《取水许可和水资源费征收管理条例》规定了县级以上水行政主管部门按照分级管理权限,负责取水许可制度的组织实施和监督管理;根据第二十七条规定,县级以上水行政主管部门负责水权转让或交易的监督和管理。《水权交易管理暂行办法》以规章形式明确了水权交易的概念、类型、程序、交易原则、交易主客体、交易平台、监督检查等重要事项,为水权交易及其监督管理提供了重要依据;其中,第三条将水权交易划分为三种类型,即区域水权交易、取水权交易和灌溉用水户水权交易。

《关于推进用水权改革的指导意见》面向当前用水端总量约束、用途管控、效率控制的水资源精细化管理要求,结合近年来地方水权交易实践,增加了公共供水管网用户的用水权交易类型;提出强化取用水监测计量、强化水资源用途管制、强化用水权交易监管等要求,明确了流域管理机构和省级水行政主管部门在各类用水权交易中的监督管理职责,提出了各级水行政主管部门的监督管理重点;同时,也对水权交易平台运营单位的职责提出了明确要求,水权交易平台运营单位要按照水利部制定的统一交易规则,规范交易行为,建立信息披露制度,主动接受社会监督,定期向有关水行政主管部门、金融监管部门等报告交易情况。

(2) 国家级用水权交易管理机构或平台

在管理机构方面,国家水权交易监管机构为水权交易监管办公室,但根据水利部"三定"方案,水权交易监管办公室并不是"法定"的正式机构,而是属于水利部的内设机构。水权交易监管办公室设在财务司,负责人由财务司司长兼任(陈兴华,2021)。同时,水利部水资源管理司负责指导水权制度建设,并实际参与用水权交易监管。

2016年6月28日,水利部和北京市政府联合发起设立的中国水权交易所正式挂牌运营,标志着我国成立了国家级水权交易平台,其主要承担信息发布、交易撮合的中介功能,旨在充分发挥市场在水资源配置中的决定性作用和更好地发挥政府作用,推动水权交易规范有序开展。在交易过程中,该平台也承担交易双方资格复核、交易流程合规性监督等部分监管职能。

7.1.2.2 地方层面

(1) 相关法规和政策制度

自2014年我国启动省级水权交易试点至今,河北、北京、天津、山西、内蒙古、山东、河南、四川、陕西、宁夏等十个省级行政区均制定了水权交易管理方面的法规和政策制度。据不完全统计,2020年以来,江西、安徽新安江流域、江苏、广东等省级行政区和流域,以及贵州贵阳、山西晋城等城市也陆续印发了水权交易管理办法或实施细则。与《水权交易管理暂行办法》不同的是,各省(市)结合自身实践对水权交易的类型进行了拓展,如《江苏省水权交易管理办法(试行)》明确提出了水权收储的概念,规定水行政主管部门或者其委托的机构可以对取水单位或个人通过节约方式结余的水权采取回购等方式收储,收储的水权可以直接分配或者通过水权交易平台挂牌交易等;《江西省水权交易管理办法》明确提出区域水权有偿配置,规定上级人民政府或其授权的水行政主管部门可将回收或尚未配置的用水总量控制指标有偿出让给所辖范围内的县级以上人民政府。

(2) 水权交易平台

目前,除中国水权交易所国家级水权交易平台外,部分省级行政区也建了交易平台,包括内蒙古自治区水权收储转让中心、河南省水权收储转让中心、广东省环境权益交易所、山东省水权交易平台和宁夏水权交易平台(依托公共资源交易平台)等;此外,部分流域和县级行政区也建立了用水权交易平台,如甘肃疏勒河流域水权交易平台、新疆玛纳斯县塔西河流域水权交易中心等流域水权交易平台以及河北省成安县水权交易平台等县级水权交易平台,主要承担水权收储转让、信息发布及中介业务,在交易中,同时也承担交易规则合规性等部分监管职责。

7.2 加快取用水监测计量体系建设

取用水监测计量是用水权确权、交易的重要基础。在确权环节,用水户的年度实际取用水量是确权指标的依据之一;在交易环节,取用水监测计量可为出让方可交易水指标核准、受让方实际取用水量提供重要依据。本节重点围绕用水权交易对取用水监测计量要求,结合宁夏实践进行阐述。

7.2.1 用水权交易监测计量点位选择及其对交易水量的影响

7.2.1.1 监测计量点位选择

用水权交易标的存在取水量、用水量两种统计口径,由于自出让方至受让方通常存在一定的输水损失,为了保证交易公平性,避免产生交易纠纷,需要明确监测计量节点位置,并将交易水量折算至某一节点。宁夏本轮水权改革明确用水户的确权水指标为用水量口径,因此,明确将不同水源对应的交易水量统一折算至取水口。其中,黄河水统一折算至干流渠道、泵站或企业取水口,地下水统一折算至地下水取水口,并将该取水水量作为可交易水量的上限,按照《取水计量技术导则》《宁夏水资源监控总体实施方案(2021—2025 年)》等要求,安装取用水监测计量设施,确保取用水监测计量到位。

7.2.1.2 取水口至用水户输水损失系数的确定

取水口至用水户输水损失主要与水源类型及输水方式有关。对于宁夏而言,交易水源类型主要为黄河水、地下水两类,其中,以黄河水为水源的交易类型包括灌溉用水户交易、区域间交易两种,以地下水为水源的交易类型主要为取水权交易。

(1)黄河水用水权交易

黄河水用水权交易指标按照取水口径和用水口径分别进行统计,其中,各干渠输水损失按照干渠的渠系水利用系数进行计算,支渠、农渠等末级渠系利用系数根据渠系防渗情况,综合考虑灌域土壤条件、灌溉方式、灌溉季节等因素综合确定;当支渠、农渠渠道取水口和渠道末端用水户均安装监测计量设施时,也可通过取用水监测计量数据计算不同输水流量对应的输水损失,在此基础上核算渠系水利用系数;若缺乏渠系利用系数相关成果和取用水监测数据,也可采用自治区制定年度水量分配计划时采用的渠系水利用系数代替。

以银川市贺兰县与吴忠市红寺堡区春夏灌用水指标为例,红寺堡区春夏灌用水指标不足,与贺兰县达成一致,将贺兰县惠农渠灌域 506.33 万 m^3 黄河水指标(黄河干流取水口取水量)交易给红寺堡区,交易期限从 2022 年 1 月 1 日至 2022 年 12 月 31 日,取水用途为农业灌溉,交易涉及惠农渠贺兰县灌域京星干渠、农场渠、马家渠、一号渠共四条支渠。在核定拟交易干渠直开口用水量时按

2022年初水量分配计划确定的渠系利用系数0.88计算，扣除输水损失后，干渠直开口用水量440.51万 m^3。交易价格0.252元/m^3·a，交易总金额127.6万元。其中，出让方承担渠系水渗漏损失106.33万 m^3，相应金额26.8万元；受让方按照干渠直开口400万 m^3 水指标支付，实际支付金额100.8万元。

（2）地下水用水权交易

地下水用水权交易主要是自备水源工业企业和公共供水管网范围内工业企业（水源为地下水）之间的用水权交易。主要包括两种情形，一是交易双方属于同一公共供水系统的管网用户，二是出让方为自备水源用水户。

①交易双方均属于同一公共供水系统的管网用户

如交易双方属于同一公共供水管网用户，将受让方交易水量指标折算至取水口（水源地取水井）时，出让方和受让方原则上采用同一管网渗漏系数进行折算，即折算到取水口时按照渗漏水量相等进行考虑。因此，在这种情况下，出让方和受让方直接按照实际交易需求或出让水量统计取用水量，缴纳交易费用。

②出让方属于自备水源用水户

出让方属于自备水源用户时，原则上需要将其水指标均折算至取水井。实际上，企业自备井多位于厂区内部或周边，按照自治区取用水管理要求，各企业均安装了一级水表，用于自备水取用水监测。因此，对于这类用水户之间的用水权交易，可直接按照取水量监测计量结果核定出让用水权交易指标。如国家能源集团宁夏煤业有限责任公司洗选中心作为受让方与石嘴山市嘉城建材有限公司、石嘴山市隆湖佳宝碳素有限公司、宁夏金长城混凝土有限公司、宁夏三晋碳素有限公司、石嘴山市华旺碳素制品有限公司、中国石油天然气股份有限公司宁夏石嘴山销售分公司等六家企业（出让方）进行地下水交易，交易水指标17.6万 m^3，交易价格2.08元/m^3·a，每年总价73.1万元，交易指标直接按照取水许可证限额内节约的用水权指标进行交易，出让方和受让方均按照取水口径统计交易水指标。

7.2.2 完善交易水量监测计量体系

7.2.2.1 完善出让方水量监测计量体系

出让方水量监测计量目的是确保其按照交易水量足额向受让方转让用水指标。

（1）农业用水户

现状农业用水户与工业、生活等用水户相比，取水监测计量率总体仍明显偏低，为了准确监测计量出让方的出让水量，应以农业确权单元为对象，结合农业水价综合改革试点项目和现代化生态灌区建设项目等，实施灌区节水和渠道改造，高标准配套先进的测控一体化计量设施，提高末级渠口（支渠、斗渠或农渠）、农户（库灌区、井灌区）取用水监测计量率。其中，对于末级渠口，以大中型引扬黄灌区为重点，根据村组对应的末级渠口类型，在引黄灌区支渠、斗渠或农渠上安装流速仪、测控一体化闸门等设施，在支斗渠渠道上采用不同的网络通信技术（光纤、GPRS、4G、无线网桥），基于不同的供电方式（交流电、太阳能）保证闸门进行自动控制运行的安全性、稳定性、可靠性，借助自动化监测设施实现自动监测和数据收集。扬黄灌区取用水监测计量设施相对完善，扬水泵站采取电磁流量计、"以电折水"等方式计量，结合水联网等关键技术，建立更高分辨率的用水计量体系；同时，推进引扬黄灌区农业灌溉取用水监测计量设施与大中型灌区续建配套与现代化改造等项目同设计、同建设、同运行。对于南部山区的库灌区，根据实际情况采用水位流量关系法、流速面积法等直接计量，或采用闸门量水等方式进行计量。对于井灌区，根据农机井规模，选择安装直接计量设备或采用"以电折水"等方式计量取用水量，相关监测计量方式、监测计量技术要求、"以电折水"计量技术要求等，遵守《取水计量技术导则》《农业机井以电折水计量暂行办法》，监测计量建设项目及分年度实施情况，按照《宁夏水资源监控总体实施方案（2021—2025年）》相关规划进行确定。

（2）非农用水户

非农用水户主要是工业企业和规模化畜禽养殖业。针对个别未实现计量的非农取水口，新建在线监测计量点，应根据取水口规模，采用超声波流量计、电磁流量计等可实现在线传输的计量方式，或安装机械式水表等直接计量方式；同时，应对未实现在线计量的规模以上取水口进行改建，加装在线传输设备，其中采用机械流量计和无法在线传输的取水口，还应将计量设施更换为新的直接计量设备；对地下水超采区的地下水取水口，严格按照符合技术标准规范的在线计量要求进行水量监测，实现在线计量。

针对不符合技术标准规范和管理要求的非农取水口监测计量设备设施，应按照水利部印发的《关于强化取水口取水监测计量的意见》相关要求，对各类非农取水口监测计量设施进行升级改造。对取水口已有监测计量设施，但计量设备不符合相关技术标准及规范、设备无法正常运行的，应更换合格且符合精度要求的监测计量设备。对取水规模达到在线监测计量要求的，已有计量设施正常运行但无在线传输功能的取水口，应加装在线传输设备，并确保取水信息向自治区水资源信息系统实时报送。

7.2.2.2 完善受让方取用水量监测计量体系

受让方监测计量的目标是确保受让方按照交易的水指标取水,避免取水量不足或超量取水损害自身或出让方利益。受让方通常为工业企业或灌溉用水户,监测计量的重点是其实际取用水量。工业企业用水户主要有渠道、泵站、地下水取水井等三种取水方式。其中,渠道取水的监测计量应按照《宁夏水资源监控总体实施方案(2021—2025年)》有关要求,规模以上取水口(地表水取水量$\geqslant$50万m^3、地下水取水量$\geqslant$5万m^3)计量方式采用超声波流量计、电磁流量计等实施在线监测计量;规模以下取水口(地表水取水量$<$50万m^3、地下水取水量$<$5万m^3)计量方式采用超声波流量计、电磁流量计、水表等直接计量;对于超采区地下水取水口,严格按照符合技术标准规范的在线计量要求进行水量在线监测计量。

7.2.3 强化取用水在线监测与信息系统建设

7.2.3.1 加快取用水监测计量系统和平台建设

按照《宁夏水资源监控总体实施方案(2021—2025年)》,宁夏加快建设取水口管理系统,与日常业务结合,建立取用水户、证、站点的关联关系,实现取水口数据动态更新管理功能,纳入各流域地表水取水口和地下水取水井信息,每年进行核查和动态更新。加快取用水在线计量数据接收平台建设,平台应兼容《水资源监测数据传输规约》通信规约,确保可接收按规定通信规约协议及传输手段运行的计量设施终端,进行数据接收入库,使计量设施安装人员及水行政主管部门能够在同一平台上查询新建和已建计量设施的监测数据。加快建设宁夏用水权确权交易平台,并与宁夏公共资源交易平台互联互通,对用水权确权数据进行动态管理。

7.2.3.2 强化不同系统和平台间数据共享和传输

宁夏按照取用水管理和用水权确权交易业务领域和监测数据类别,梳理水资源数据采集、数据入库、数据共享、业务支撑等内容,将自治区取用水监测、用水权确权交易相关数据按照取水许可、用水权确权交易、取用水监管等业务领域进行分类管理,搭建"业务领域—业务事项—业务活动—数据指标—数据项—数据管理系统—数据集成与共享"的数据链条,实现数据采集、传输、入库、管理、应用全过程集成管理,服务于自治区用水权交易水量监测、交易双方等不同层级的数据需求。

宁夏整合国家水资源监控能力建设项目宁夏回族自治区省级平台、全国水资源税征收取用水信息管理系统(宁夏)、全国取用水管理专项整治信息系统、宁夏取水许可电子证照系统、用水统计质保系统、宁夏水资源调度系统等现有系统,汇集各类业务数据,通过对接自治区水利数据交换与共享平台、"水慧通"平台及其前置资源库,实现数据汇集与共享,实现数据统一集成管理,支撑用水权交易出让方和受让方取用水监测计量。

7.3 面向交易全过程的用水权交易监管主体及其职责划分

7.3.1 行政监管

用水权交易涉及水利、工信、农业农村、财政、金融、审计、司法等多个部门,本节重点阐述水行政主管部门在交易前、交易中和交易后承担的主要职责。

7.3.1.1 水行政主管部门

(1) 交易前监管职责

①承担初始用水权分配和确权职责

初始用水权分配以建立和完善流域(区域)水量分配制度、取水许可总量控制制度和水资源配置制度为核心,核心是逐级明晰流域、省级、地市级、县级行政区等流域和区域取用水总量控制指标。

根据《水法》,国务院代表国家行使水资源国家所有权,各级水行政主管部门按照管理权限负责分配省级、市级、县级用水总量控制指标,即水资源宏观配置。据此,将初始用水权逐级分配到省级、市级、县级行政区域,从而明确各级行政区域用水权。在宏观水资源配置基础上,通过用水权确权,将区域用水权按照不同水源类型分配到具体用水户,即水资源微观配置。据此,将区域初始用水权分配到各用水行业和用水户,形成用水户的初始用水权。

在初始用水权分配和确权过程中,各级水行政主管部门主要承担水资源行政管理者角色,负责指导、监督初始用水权分配,营造公平、公正、公开的用水权初始分配环境,确保不同区域、不同用水户公平享有用水权利,支撑水资源的保护利用,实现水资源价值。

②承担交易主体的市场准入审核职责

各级水行政主管部门按照分级管理原则受理不同类型用水权交易行为,负责按照当前国家和自治区对用水权交易的相关法律法规、政策制度和水资源管理要求,对出让方、受让方等交易主体的条件进行审核,审核内容包括交易主体、取水许可、交易额度、交易期限、交易用途以及对公共利益和第三方影响等。通过审核,确保交易符合交易规则和水资源节约、管理和保护要求,避免交易对第三方利益造成损害以及可能带来负外部性影响。

③承担用水权交易制度体系建设职责

作为水资源行政管理者,各级水行政主管部门要根据管理权限,协调其他相关部门,共同组织制定用水权初始分配与确权制度、水资源刚性约束制度、用水权交易制度、用水权有偿取得制度等一系列制度,为用水权确权、定价、收储交易提供技术指导,为用水权交易监督管理提供制度和政策依据。

(2) 交易中监管职责

用水权交易市场具有较强的公益属性,应建立用水权交易监督机制,各级水行政主管部门根据管理权限对用水权交易活动进行监督,防止在交易过程中出现违法违规行为。另外,对于政府收储的用水权入市交易的,政府作为交易参与者,主要发挥宏观调控作用;在收储或转让过程中,需要遵守相关交易规则,涉及跨区域用水权交易的,监督管理的职责由共同上一级主管部门承担。

(3) 交易后监管职责

用水权交易达成后,换发取水许可证或用水权证之前,水行政主管部门要检查受让方是否按要求安装完备的取用水监测计量设施,并对其后续取用水行为实施监管,确保受让方按照交易的用途用水,按照用水权指标严格控制取用水总量,避免超指标、超计划取用水。

在交易资金监管方面,水行政主管部门要会同财政、金融等部门对用水权交易资金结算全过程进行监管,确保交易资金合规使用,防止出现交易资金被挤占、挪用、套取等,确保相关用水户依法获得用水权交易收益;同时应配合审计、纪检等部门做好交易资金审计、合规性审查等工作。

7.3.1.2 其他主管部门

在用水权确权阶段,需要准确核定灌溉面积、工业产值等指标,作为用水权确权的依据,主要涉及农业农村、工信等部门;在定价阶段,主要涉及发改、财政等部门;在交易阶段,用水权有偿使用费缴纳、金融产品开发等主要涉及财政、金融等部门;在交易后评估管理阶段,主要涉及审计、司法等部门。

各部门应建立信息共享机制与沟通协调机制,按照各自职责分工,做好监督管理工作,通过强化各级各部门在用水权交易监管中的主体地位,建立用水权交易全过程监管体系,细化监管措施,对用水权交易风险点和可能导致市场失灵的问题进行有效监管,确保用水权市场稳定、持续运行,充分发挥政府和市场作用,通过"两手发力",实现水资源优化配置,整体提高区域水资源利用效率和效益。

7.3.2 中介机构监督

中国水权交易所和各级用水权交易中心等中介机构不仅为用水权交易提供场所、设施,还承担用水权交易监督职能,主要包括交易实时监控和交易信息披露监督等。

7.3.2.1 交易过程监督

(1) 交易价格监督

为了保障交易双方权益,政府通过指导价等形式对不同水源、不同用途的用水权进行管理,如通过设置最低或最高限价等方式落实指导价;用水权交易中介机构在交易过程中形成交易价格,并承担交易价格监管职能,确保成交价格在用水权基准价和最高限价范围内。

(2) 维护交易秩序

为确保交易顺利进行,中介机构除需指定具体交易规则外,还承担维护交易秩序的职责,对各类违规行为进行监管,防止垄断、欺诈、不正当竞争等违法违规行为破坏交易秩序。为实现对用水权交易的有效监督和管理,当前主流用水权交易平台主要通过电脑程序对用水权交易情况进行统计分析,并及时对违规交易采取预警等监控措施,确保交易市场合规、公平、有序。

7.3.2.2 交易信息披露与交易资金结算监管

(1) 交易信息披露

用水权交易信息公开发布是征集交易对象的重要手段,中介机构对用水权交易双方提供的相关信息的真实性、完整性、可靠性和有效性负有监管责任,有义务保障交易双方信息安全,通过及时、准确披露交易信息,维护交易双方和利益相关方合法权益。

(2) 交易资金结算监管

中介机构可提供交易资金结算服务,促使用水权交易双方遵守交易规则、履行承诺。

7.4 监管对象及监管重点

7.4.1 监管对象

用水权交易的重点监管对象是出让方、受让方,通过中介机构进行交易的,相应中介机构也应纳入监管范围,确保其合法合规履行各项交易职责,维护公平、公正、公开的交易秩序。

7.4.1.1 出让方

(1) 交易指标来源

出让方指依法取得取水许可证或用水权,并具备可交易水量和交易意向的用水权主体,是用水权交易中出让用水权的一方。根据不同交易类型,出让方可能是政府,也可能是工业、农业等行业的一般用水户。其中,出让方为政府时,其出让的用水权指标可能来自用水权分配过程中政府预留的用水权,或政府有偿或无偿收储的用水权,或区域用水总量控制指标节余;出让方为一般用水户时,其出让的用水权指标可能来自有偿取得的用水权指标"富余量",也可能是通过调整产品和产业结构、改革工艺、采取各种节水措施节约的水量。

(2) 对出让方的限制

根据本书对可交易水量范围的界定,出让方出让的水指标受到一定的限制,以下情形不允许交易:①现阶段生活用水、生态环境用水暂不交易。生活用水权是保证人的基本生存和发展的用水权利,生态环境用水权是保证动植物基本生存、维持或改善生态环境的用水权利,按照"以人为本""生态优先"等要求,现阶段不入市交易。②水资源超载(超采)区向管控区域外交易的用水权指标。按照水资源超载(超采)区治理的相关要求,水资源超载(超采)区应实行严格的水资源管控措施,压减地表水取用水量和地下水开采量,以实现水资源可持续利用。因此,这两类区域原用水权人即便拥有用水权指标,也不允许向管控区域外交易。③用水(耗水)总量达到区域总量控制指标时,向区域外转让的用水权指标。按照最严格水资源管理制度要求,用水(耗水)总量控制指标是区域用水(耗水)的上限,是区域经济社会活动的最大刚性约束。在已经达到控制上限的前提下,不允许向区域外交易。④不满足交易要求的其他情形。

7.4.1.2 受让方

(1) 受让情形

受让方指依法取得取水许可证或用水权,或符合申请领取取水许可证条件,并需要从转让方获得新增取水的用水主体,是用水权交易中取得用水权的一方。根据不同交易类型,受让方可能是政府,也可能是工业、农业等行业的一般用水户。其中,受让方为政府时,也可称为用水权收储,根据实际情况可能存在无偿收储或有偿收储两种情况,主要取决于出让方用水权指标是无偿取得还是有偿取得;受让方为一般用水户时,需要按照交易规则向政府或出让方支付用水权有偿使用费,才能取得用水权。

(2) 对受让方的限制

根据水资源刚性约束制度及相关节约、保护要求,在交易过程中受让方受到相应限制,以下情形不允许交易:①不符合国家或区域产业政策的建设项目。发展绿色低碳产业,加快发展方式绿色转型已成为今后一个时期高质量发展的内在要求,因此,禁止不符合产业政策的项目以新改扩建方式取得用水权。②不符合行业用水定额标准的建设项目。现阶段水资源管理实行用水总量和强度双控政策,在用水权交易过程中,各类新改扩建项目需满足水资源刚性约束制度和用水效率准入要求。③区域用水总量或地下水开采量已达到或超出相应管控指标要求的。根据现阶段"以水而定、量水而行"要求,产业发展必须与区域水资源承载能力相适应,受让方所在区域用水总量或地下水开采量已达到或超出相应管控指标要求的,不允许其通过用水权交易受让用水权。④不满足现行法律法规及水资源管理要求的其他情形。

7.4.2 监管重点

7.4.2.1 交易指标真实性及受让方新增用水权指标的合理性

(1) 交易指标真实性

交易指标的真实性是指出让方出让的水量指标应符合入市交易的相关规定,可交易水量与申请交易水量应一致等。出让方是县级以上人民政府的,重点检查出让水量是否属于在区域用水权管控指标、用水总量或地下水可开采量管控指标范围内的节余水量;出让方属于农业用水户的,重点检查用水权交易指标是否属于采取节水措施节余的水量,防止农业用水、生态用水被挤占;出让方属于工业用水户的,重点检查其用水权指标是否有偿取得[已依法缴纳水资源税

(费)和用水权有偿使用费],属于采取节水措施节余水量的,应在节水量复核基础上,检查节水量能否满足交易水量要求。

(2) 受让方新增用水权指标合理性

结合新改扩建项目节水评价、项目水资源论证或用水合理性分析成果,重点检查受让方新改扩建项目的政策符合性、用水效率和节水水平先进性,新增用水权需求的必要性和需求量的合理性,以及是否满足节水优先有关要求,落实"先节水、再交易"等政策,是否已按照要求使用再生水等非常规水源,等等;此外,还需要关注新增用水权指标后区域用水量与相应管控指标的相符性等。

7.4.2.2 交易程序规范性

(1) 交易方式合规性

根据实际交易规模、交易类型等方面的差异,用水权交易有公开竞价、协议转让等方式,不同交易方式的交易规则和程序也不尽相同,用水权交易要严格遵守国家、地方层面和交易平台制定的各项交易规则,根据实际交易规模、交易类型按照规定要求进行交易。

(2) 交易程序规范性

用水权交易流程一般包括交易申请受理与信息公开、竞买申请与资格确认、网上报价与竞价、成交确认等。在交易申请受理与信息公开环节,主要检查申请的合规性、信息公开规范性等;在竞买申请与资格确认环节,主要检查受让方合规性;在网上报价与竞价环节,主要检查报价有效性、竞价程序的合规性等;在成交确认环节,主要检查相关手续的齐全性、材料完整性等。

7.4.2.3 交易价格合理性

交易价格直接决定出让方获取的收益和受让方支出的成本,是交易能否达成的决定性因素之一,也是市场能否发挥其水资源配置作用的关键。

(1) 用水权交易基准价合理性

用水权交易基准价格是政府制定的指导价,具有政策导向性,受供求关系、经济发展等多种因素影响;用水权交易基准价格具有动态性,但在一定时期内又具有相对稳定性。因此,应充分考虑水资源禀赋条件、经济社会发展规划、产业经济发展政策、用水户承受能力等因素,科学制定用水权基准价。同时,应根据外部环境的变化,对基准价格进行及时调整;应建立完善用水权基准价格信息公开机制,增强用水权基准价的时效性。

(2) 防止实际成交价格过低或过高

为了发挥用水权基准价格在用水权交易中的指导性和约束性作用,需要确保用水权交易价格不低于用水权基准价;同时,应对交易价格进行监管,通过建立严格的用途管制制度和配套的闲置指标评估处置机制,防止出现用水权囤积或垄断导致价格过高;此外,还应与用水权交易平台密切合作,严格规范用水权交易流程,加强用水权买卖双方价格的监管,重点是初次报价或标底价不能低于用水权交易基准价格。

7.4.2.4 交易后水资源用途管制

交易后水资源用途管控是用水权交易监管的重点内容之一。各级水行政主管部门应加强用水权交易实施情况的动态监管,按照《关于加强水资源用途管制的指导意见》等要求,明确交易后用水权指标的用途,严格管控水资源用途变更,防止农业、生态和居民生活用水被挤占。在用水权交易实践中,规定交易期限超过一年的,用水权交易双方按照相关规定申请办理取水许可或用水权变更手续,并按照取水许可管理相关要求,明确水资源用途;交易期限不超过一年的(含一年),无需办理变更手续,审批机关在交易批准文件中对交易后双方的许可水量或用水权数量、水资源用途、年度取水计划等予以明确,提出禁止用途变更的情形,严格管控用水权交易前后水资源用途变更等行为。

7.5 监管方式

根据水资源管理要求,用水权交易监管方式主要包括有关部门监督检查、考核评价等。

7.5.1 常规监督检查

(1) 建立用水权交易后评估制度

应建立用水权交易后评估制度,明确相关技术要求,围绕用水权交易的必要性与可行性、可交易水量复核、交易价格及期限、交易方式及流程、交易产生的的影响等方面进行系统评估,根据交易产生的节水效果、社会效益、经济效益、生态效益,管理经验及存在问题等对用水权交易项目进行综合评价,并从深化用水权交易工作、加强工程建设管理、促进节水工程良性运行和节水效果长效维持、强化对用水权交易项目监管等方面提出对策与建议。

(2) 建立定期检查机制

县级以上人民政府应当结合用水权交易监管的实际需求,组织相关部门建立用水权交易定期检查机制,梳理监管事项清单,加强对各类用水权交易实施情况的动态监管,重点对交易指标的真实性、交易价格的合理性、交易程序的规范性、交易资金的安全性、监测计量设施安装到位率等重点监管内容实施监督检查,按照"交易一笔、检查一笔"等原则进行检查,对监督检查中发现的未经批准擅自转让取水权、用水权交易弄虚作假、水权交易程序不规范等问题,依法依规进行处理。

7.5.2 其他监督检查方式

随着"放管服"改革的深入推进和监管重心的后移,"双随机、一公开"、环保督察、"四不两直"等监督检查方式改变了由监管部门制定规则的传统监管方式,在加强抽查随机性、促进过程公正性、保证结果公开性等方面发挥了重要作用。

(1) "双随机、一公开"监督检查

"双随机、一公开"监管模式是随机选取检查对象,随机选派执法检查人员,并公开随机抽取细则、公布查处结果的一种新型监管模式。在用水权交易中,可以随机选派人员对实际交易案例进行抽查,对交易的合法合规性进行全面检查,并向社会公开检查结果。

(2) "四不两直"监督检查

"四不两直"最初是原国家安全生产监督管理总局建立的安全生产暗查暗访制度,即不发通知、不打招呼、不听汇报、不用陪同接待、直奔基层、直插现场的监督检查方式,作为一种工作方法,可供用水权交易监督检查借鉴采用。

(3) 中央环保督察

"中央环保督察"是经党中央和中央政府授权,由生态环境部门牵头组织,以地方各级党委和政府、国务院有关部门、有关央企等为主要对象,以履行环境保护职责、执行党中央和国务院重要环境政策部署情况为主要督察内容的监督检查,主要包括例行督察、专项督察和"回头看"等督察方式,具有高位推动、党政同责、强调督察结果运用等特点。中央环保督察以推动督察地区生态文明建设和生态环境保护、促进绿色发展为重点,同样也适用于用水权交易相关监督检查。

第 8 章 宁夏用水权交易市场良性运行机制研究

8.1 宁夏用水权改革存在的主要问题

当前,宁夏用水权改革虽然取得了一定成效,但随着改革不断深入,一些深层次问题也逐渐显现,包括用水权交易缺乏上位法支撑、相关管理体制和运行机制不健全、市场作用发挥不足等。

8.1.1 关键环节尚缺乏上位法支撑

我国现行涉水法律法规是基于取水权设立的,《水法》《取水许可和水资源费征收管理条例》仅对取水权做了原则性规定,未明确用水权的法律地位、确权凭证、权能构成及其准用益物权的权利属性,未基于水资源的稀缺性和真实价值,赋予用水权"有偿取得"的法律效力,未授予县级以上人民政府用水权收储的权利,用水权作为质押物尚缺少法律依据;同时,由于与当前面向用水端总量约束、用途管控、效率控制的水资源精细化管理要求不相适应,用水权确权、收储、有偿使用费计征等关键环节面临无法可依的风险。

8.1.1.1 国家层面涉水法律法规未明确规定用水权

2015年10月召开的党的十八届五中全会正式提出用水权的概念,这是用水权首次在中央文件中正式出现。2016年,水利部制定出台了《水权交易管理暂行办法》(水政法〔2016〕156号),其中第二条规定:水权包括水资源的所有权和使用权。2020年10月,党的十九届五中全会提出推进用水权市场化交易。2021年9月,中共中央办公厅、国务院办公厅印发《关于深化生态保护补偿制度改革的意见》,提出建立用水权初始分配制度,鼓励地区间依据取用水总量和权益,通过水权交易解决新增用水需求。2022年8月,水利部会同国家发改委、财政部印发的《关于推进用水权改革的指导意见》,提出了我国2025年、2035年用水权改革目标,围绕加快用水权初始分配和明晰、推进多种形式的用水权市场化交易、完善水权交易平台、强化监测计量和监管等方面,提出了明确要求。

当前,尽管中央和水利部等部门制定的政策性文件明确提出了"用水权"这一术语,但并未就用水权的概念内涵、权能构成、权利属性等方面进行规定和说明;《民法典》第三百二十九条提出依法取得的取水权等权利受到法律保护;现行《水法》仅在第四十八条对取水权的依法取得做了原则性规定,通篇未提及用水权;《取水许可和水资源费征收管理条例》也是基于取水权设立的,未明确提出用水权。因此,目前用水权尚未在我国法律法规层面予以明确,用水权的概念内涵尚缺乏权威、统一的界定,用水权的非完全占有、使用、收益和有限处分等权能尚未从法律层面进行明确规定,用水权的"准用益物权"和"准财产权"属性尚未从法律层面进行明晰,导致当前用水权相关政策制度缺少国家层面法律法规支撑。

8.1.1.2 用水权证作为用水权的权属凭证尚缺少国家法律法规等相关依据

宁夏通过制定《宁夏回族自治区用水权确权指导意见》,明确以取水许可证或用水权证作为用水权的权属凭证。在水权交易实践中,对于直接从江河湖泊或地下取水的用水户,多使用取水许可证作为取水权或用水权凭证;对于灌区农业用水户、公共管网用水户等,采用水票、水权证、登记簿等不同形式确认用水户的用水权。在法律法规和政策制度方面,《水权交易管理暂行办法》第二十一条明确规定"县级以上地方人民政府或者其授权的水行政主管部门通过水权证等形式将用水权益明确到灌溉用水户或者用水组织之后,可以开展交易";《关于推进用水权改革的指导意见》明确提出"探索对公共供水管网内的主要用水户,通过发放权属凭证、下达用水指标等方式,明晰用水权"。

《水法》《取水许可和水资源费征收管理条例》设立的取水许可制度,虽然具有一定的确权登记功能,但仅适用于直接从江河湖泊和地下取用水资源的单位和个人,不能涵盖所有取用水户,且赋予取水许可证"一证双权"功能,与当前强调需水管理和用水管控的水资源精细化管理要求不相适应。同时,现行《水法》尚未明确用水权的非完全占有、使用、收益、有限处分等权能,也未明确其"准用益物权"等私法属性;《取水许可和水资源费征收管理条例》未明确用水权的行政许可事项,导致用水权的权属凭证功能缺乏法律效力。

8.1.1.3 用水权"有偿取得"尚缺乏国家层面法律依据

宁夏本轮用水权改革通过制定印发《关于落实水资源"四定"原则 深入推进用水权改革的实施意见》,在自治区层面确立了用水权有偿取得制度,推动水资源从"无偿取得、有偿使用"向"有偿取得、有偿使用"转变,是国家关于全民所有自然资源资产有偿使用制度改革的具体落实,有利于维护存量用水户和新增用水户之间的用水公平性,体现水资源的稀缺性和真实价值,盘活存量水资源,提高水资源的利用效率和效益。

尽管国家《生态文明体制改革总体方案》明确要求全面建立覆盖各类全民所有自然资源资产的有偿出让制度,严禁无偿或低价出让,《关于推进用水权改革的指导意见(征求意见稿)》中也曾明确提出"探索用水权有偿取得",但当时受国际国内经济形势和新冠疫情等影响,由于相关部委持不同意见,故未能在正式印发稿中体现。我国目前涉水法律法规是基于取水权设立的,现行《水法》《黄河保护法》《取水许可和水资源费征收管理条例》《宁夏回族自治区水资源管理条例》《宁夏回族自治区节约用水条例》《宁夏回族自治区建设黄河流域生态保护和高质量发展先行区促进条例》等法律、行政法规对用水权有偿取得均没有进一步具体规定,导致用水权"有偿取得"未能在国家、地方法律法规层面予以明确。按照事权法定原则,征收用水权有偿使用费超出了地方政府资源类收费项目设立权限,导致用水权取得、收储、交易尚缺乏法律依据,对于部分企业拒缴、拖延缴纳或者拖欠的行为,缺乏处罚措施。

8.1.1.4 县级以上人民政府收储用水权尚缺少国家法律法规支撑

用水权收储是政府在用水权交易市场通过无偿回收或有偿回购等方式将原本分散在出让方的用水权指标进行集中储备,并纳入水资源管理体系的行为,原则上适用于《水法》第十二条提出的"县级以上地方人民政府水行政主管部门按照规定的权限,负责本行政区域内水资源的统一管理和监督工作"。据此,宁夏制定出台了《宁夏回族自治区用水权收储交易管理办法》,明确"用水权收储由县级以上人民政府负责,技术工作由相应的水行政主管部门组织实施";内蒙古出台了《内蒙古自治区闲置取用水指标处置实施办法》,河南印发《河南省南水北调取用水结余指标处置管理办法(试行)》,山东印发了《山东省水权交易管理办法》,山西制定了《水权交易管理办法(试行)》,均明确赋予了县级以上人民政府或其授权的水行政主管部门收储水权的权利。

用水权收储带有明显的行政管理色彩,原则上应受《行政许可法》规制,但由于目前我国用水权改革尚处在探索阶段,现行水权交易相关行政许可管理仍属于建立在取水权基础上的取水许可管理,《水法》《取水许可和水资源费征收管理条例》均未授予县级以上人民政府水行政主管部门收储用水权的权利,按照"权责法定"的原则,当前县级以上人民政府水行政主管部门还不具备收储用水权的相关权利,这使得用水权收储这一行为存在缺少法律依据的风险。

8.1.1.5 用水权作为质押物尚缺少国家法律法规支持

根据本书对于用水权"准财产权"的权利属性分析,结合《民法典》第四百四十条关于权利质权范围的相关规定,用水权应适用于该条第七款"法律、行政法规规定可以出质的其他财产权利",从而赋予了用水权"准担保物权"的权利属性,为用水权作为合格质押物提供了理论依据。宁夏本轮用水权改革制定的《宁夏回族自治区金融支持用水权改革的指导意见》明确提出"探索将用水权作为合格抵(质)押物,大力创新符合用水权项目属性、模式和融资特点的金融产品和服务模式"。但由于目前《民法典》未明确用水权的财产权属性,《水法》《取水许可和水资源费征收管理条例》未明确规定用水权作为一类"准财产权"可以出质,因此用水权作为质押物尚缺少国家层面的法律依据。

8.1.2 用水权改革制度体系与现行水资源管理制度衔接有待加强

当前,宁夏乃至全国用水权改革总体尚处于探索阶段,用水权初始分配与确权制度、用水权收储交易制度等制度与最严格水资源管理制度、水资源刚性约束制度之间的关系有待进一步捋顺,水资源论证与取水许可、计划用水管理与交易资格核准、交易水量复核、交易后受让方用水量管控等工作衔接不够,用水权改革相关事项、指标尚未纳入相关考核体系,交易后实际用水复核和交易后评估制度有待健全。

8.1.2.1 用水权改革与水资源论证、取水许可和计划用水管理制度衔接不够

农业灌溉、工业企业用水户确权核算、交易准入、交易水量核准、交易影响评估等环节与建设项目水资源论证用水合理性分析、取水水源论证、取水和退水影响论证等环节关系密切,但相关论证内容、论证要求衔接不够,部分环节(如交易水量核准方法)尚缺少统一的技术标准。在取水许可管理方面,为了落实国家"放管服"改革要求,自治区水利厅发布了《关于试点推进水资源论证区域评估及取水许可告知承诺制的通知》,明确提出已实施水资源论证区域评估范围内的建设项目,推行取水许可告知承诺制,并针对申请取水许可证或用水权证、审批备

案、取水工程核查验收、申请及下达用水计划等关键步骤进行了原则性的规定和说明。然而,对于用水权收储交易相关环节与取水许可告知承诺制度如何有效衔接,尚缺少具体的规定和说明;对于不需申领取水许可的公共供水管网用水户,或纳入用水计划管理的规模以下工业用户,其用水权凭证申请、备案审批、核查验收、申请及下达用水计划等方面,亦缺少具体的规定和说明。

8.1.2.2 用水权交易后评估制度尚未建立

用水权交易后评估制度是发挥政府和市场职能,对用水权交易市场进行监督,保障市场长期稳定运行的重要途径。用水权交易后评估包括实施效果评估、政策制度评估等,其中实施效果评估包括节水成效,交易取得的社会效益、经济效益和生态效益以及对利益相关方产生的影响等方面;政策制度评估主要指用水权改革政策制度的完备性、合法合规性,政策制度实施效果等。《中共中央关于制定国民经济和社会发展第十四个五年规划和二〇三五年远景目标的建议》明确提出"健全重大政策事前评估和事后评价制度……提高决策科学化、民主化、法治化水平"。宁夏用水权改革属于事关黄河流域生态保护和高质量发展先行区建设和发展的重大改革事项,也是建立水资源刚性约束制度的重要内容,目前,仅制定了用水权交易后评估技术要求,交易后评估制度尚未建立,用水权交易后评估工作缺乏政策支撑,不利于用水权市场建设。

8.1.3 用水权收储制度和机制有待完善

8.1.3.1 国家层面用水权收储制度体系有待完善

农业用水户年度实际用水量受降水等因素影响较大。由于本轮用水权改革中,农业用水权确权单元为农业用水大户或最适宜计量的末级渠口,丰水年作物需水量减小,可能出现大量分散的农业灌溉用水权节余指标。为了便于用水权收储交易,《宁夏回族自治区用水权收储交易管理办法》第二十七条规定:"用水权交易按照管理权限分级受理,交易期限连续不超过一年(含一年)的不需审批,但应向审批机关登记备案。"

但根据现行《取水许可和水资源费征收管理条例》和《黄河水权转换管理实施办法(试行)》等要求,用水权交易必须通过节水量评估或水资源论证确认节约水量指标,并经取水许可证原审批机关批准,才可依法有偿转让出让方节约的水资源,还需到原审批机关办理取水权变更手续,才能调整收储交易涉及的取水许可证载明的许可水量。现行基于取水许可和取水权的管理模式已难以满足用水权收储交易的时效性要求,由于我国实行水资源流域管理与行政区域管理相结合的管理体制,对于黄委审批取水许可证的取用水户,依据现行法律,政府无权收储。

8.1.3.2 国家层面用水权收储机制有待完善

在用水权收储方面,自治区制定出台的《宁夏回族自治区用水权收储交易管理办法》明确了用水权收储主体、收储情形、收储指标认定等相关内容,提出了可进行用水权收储的五种情形,为用水权收储提供了依据。但用水权收储的投资主体与资金来源、收储方式与运行机制、收储价格确定、收储指标处置等方面仍缺少具体的规定和说明,针对不同类型用水权人的收储指标认定尚缺乏统一、权威的技术指导,各级政府或其授权的水行政主管部门收储的用水权重新配置或入市交易的程序和要求尚不明确,相关体制机制亟待建立。

8.1.3.3 用水权收储交易市场仍不够活跃

宁夏用水权交易属于卖方市场,目前存在用水权供方分散,单个供水方可提供的水量较少,而用水权需求方需水量大、分布集中的现象,用水权供需不平衡。由于现行水权交易市场机制存在兜底政策不完善的问题,用水权持有者即使存在指标富余,也不愿出售用水权。具体原因是转让水权可能产生后续缺水风险,加之现行用水权交易价格难以刺激用水户的交易积极性。对于农业用水户来说,出让用水权可能面临较高的交易成本,水权交易的边际收益难以弥补交易成本;对于工业用水户来说,水权交易带来的经济收益远远低于企业正常运行带来的收益,导致用水权供给侧出售水权的意愿较低,即出让方存在"惜售"现象。从出让方来看,可收储的用水权多是企业临时富余的指标,由于经济波动和市场环境原因,企业订单减少,未达到设计的产能,致使用水权出现了短期的富余。由于需要缴纳用水权有偿使用费,企业会出售短期富余的用水权以降低用水权成本,但企业短期富余的用水权只适合短期收储。一方面,由于担心未来市场变好导致无水可用,企业一般不愿意用水权被长期收储;另一方面,富余的用水权通常都是量少和分散的,可收储的用水权可能分散在很多不同的"散户"手中,各地"散户"用水权量少且不集中,单纯依靠行政管理部门开展收储,行政成本高、效率低。

8.2 建立宁夏用水权交易市场良性运行机制的相关建议

本书针对宁夏用水权改革存在的主要问题,结合国家推进用水权改革的相关要求及宁夏实际,提出建立宁夏用水权交易市场良性运行机制的相关建议。

8.2.1 完善法律法规体系

8.2.1.1 修订涉水法律法规,从国家层面明确用水权的法律地位

(1) 明确用水权的法律效力

《水法》作为调整与水有关的各项社会经济活动和关系方面的基本法,为制定有关水的各种专项法律法规提供基本依据。用水权改革作为一项涉水法律制度改革,改革相关内容和事项应在《水法》中予以明确。按照"立法和改革相向而行"原则,建议修订《水法》,明确用水权的法律地位,突出用水权交易在水资源配置中的地位和作用,明确用水权的"公""私"双重属性及非完全占有、使用、收益、有限处分等权能,规定针对用水权人违法行为的相关罚则等。

(2) 明确用水权取得方式和途径

《取水许可和水资源费征收管理条例》为取水许可和水资源费征收管理提供了法律依据,其核心内容围绕取水权设定,应围绕用水权取得的方式和途径、用水权监督管理等方面进行完善。建议修订《取水许可和水资源费征收管理条例》或制定用水权专项法律,明确"用水"的概念、取得用水权的方式和途径、用水权人行使用水权的规定和要求等,建议明确用水权证的申请和受理、用水权权属凭证的审查和发放等内容,明确用水权监督管理、法律责任等相关内容。

8.2.1.2 建立用水权有偿取得制度,从国家层面实施用水权有偿取得

建设借鉴《土地管理法》设立土地使用权有偿取得制度的有关经验,在《水法》中明确设立用水权有偿取得制度,明确国家对水资源依法实行用水权有偿取得制度,明确用水权有偿取得的方式和途径。

为明确用水权确权、出让、转让、收储、质押的方式和内容等,建议修订《取水许可和水资源费征收管理条例》或制定用水权专项法规,细化用水权有偿取得的情形及条件,明确用水权有偿取得费的征收、管理和监督主体,明确用水权有偿取得费征收标准制定主体、原则、计费依据、缴费程序、资金使用及管理要求等。

8.2.1.3 赋予县级以上人民政府或其授权的水行政主管部门用水权收储权利

《行政许可法》第十二条规定了行政许可设定的情形,其中第二款规定"有限自然资源开发利用、公共资源配置以及直接关系公共利益的特定行业的市场准入等,需要赋予特定权利的事项"。水资源虽然具有可更新性,但其数量和更新

速度都是有限的,属于有限自然资源。初始用水权分配和确权属于公共资源配置范畴,用水权交易涉及市场准入。用水权收储是政府通过有偿或无偿方式,从用水权交易市场取得用水权的行为,建议修订《取水许可和水资源费征收管理条例》或制定用水权专项法规,明确县级以上人民政府或其授权的水行政主管部门收储用水权的权利,避免用水权收储缺失法律依据可能造成的风险。

8.2.1.4 明确用水权"准财产权"属性,为用水权作为合格质押物提供依据

本书通过分析用水权的"准用益物权"和"准财产权"属性,结合用水权市场与金融市场的相似性,明确了用水权作为一种特殊的"财产权",用水权债券、用水权基金以及其他相关金融产品可纳入权利质权的范畴。建议修订《取水许可和水资源费征收管理条例》或制定用水权专项法规,明确用水权在满足特定约束条件的前提下可作为期权、期货、基金、债券等;并在金融风险可控的前提下,鼓励开发用水权金融衍生产品。

8.2.2 完善用水权收储政策制度体系

8.2.2.1 完善用水权收储政策制度体系

坚持问题导向,针对用水权收储、交易实践需求与现行取水许可管理制度不适应的问题,建议水利部、黄河水利委员会加大对地方用水权改革指导支持力度,在现行取水许可制度基础上,结合《黄河保护法》《国务院办公厅关于全面开展工程建设项目审批制度改革的实施意见》、水利部《关于进一步加强水资源论证工作的意见》等要求,修订《取水许可和水资源费征收管理条例》《黄河取水许可管理实施细则》,适当简化涉及用水权交易的取水许可变更审批程序,按照交易双方属地上一级行政区实施取水许可总量控制的原则,对用水权交易涉及的取水许可实施总量控制,避免频繁变更取水许可给交易带来的障碍。

8.2.2.2 完善用水权收储技术支撑体系

建议按照《黄河保护法》明确的"国家支持在黄河流域开展用水权市场化交易"相关规定,在国家或黄河流域层面制定《用水权收储交易管理办法》,明确用水权无偿收回或有偿收储等不同情形下,投资主体与资金来源、收储方式与途径、定价标准、收储指标处置等;配套制定《用水权收储交易技术指南》等技术文件,明确用水权重新配置或重新投入市场进行交易的程序和相关管理要求,为县级以上人民政府及其授权的水行政主管部门收储用水权提供技术指导。

8.2.3 强化用水权改革制度体系与现行水资源管理制度衔接

8.2.3.1 持续推进用水权交易制度纳入水资源刚性约束制度体系

在"四水四定"方面,目前水利部正在组织制定水资源刚性约束制度,建议将用水权改革相关事项和"四水四定"管控指标等纳入水资源刚性约束制度体系。其中,用水权改革相关事项包括各省(自治区、直辖市)"四水四定"组织实施情况、《关于推进用水权改革的指导意见》中重点任务完成情况、河湖水量分配与生态流量管控、地下水管控与超采区治理等;管控指标包括"四水四定"综合协调指标以及以水定城、以水定地、以水定人、以水定产分项指标,指标类型分为约束性和预期性指标两类,包括定量指标和定性指标。

在用水权交政府易制度方面,除江河流域水量分配制度、总量控制与定额管理制度、取水许可及计划用水管理制度等已建立的制度外,还需要建立一系列新的制度。其中,用水权交易为"盘活存量"的重要举措。因此,应建立相关配套制度,形成用水权交易制度体系,并将其纳入水资源刚性约束制度体系。近期,应在《关于推进用水权改革的指导意见》的基础上,围绕用水权确权等内容,以农业灌溉、工业用水户等为重点,完善用水权确权等初始水权分配的相关技术方法体系,建议国家层面制定出台《用水权确权指导意见》等政策文件,探索建立用水权初始分配制度;应研究用水权交易、收储的相关规则和流程,明确限制用水权指标的处置方法及流程,建议国家层面制定《用水权收储交易规则》等政策文件,建立健全用水权交易制度体系;应研究可交易用水权的权利边界和可交易水量范围,提出可交易水量核准的方法和流程,建议国家层面制定《用水权可交易水量核定技术导则》,为可交易水量核准提供技术支撑;应研究用水权有偿取得的理论和法律依据,鼓励各省(自治区、直辖市)结合自身情况制定出台相关规章制度,推动建立健全用水权有偿取得制度。中远期,应明确把用水权制度纳入水资源刚性约束制度体系,建议国家层面配套制定《用水权交易管理办法》等法规,为建立归属清晰、权责明确、流转顺畅、监管有效的用水权制度体系提供法律依据。

8.2.3.2 强化用水权改革与水资源论证、取水许可和计划用水管理制度衔接

建议国家层面配套制定《用水权收储交易论证技术要求》等技术性文件,与现行《建设项目水资源论证导则》(GB/T 35580—2017)等做好衔接,围绕用水权交易的必要性、可行性,可交易水量核准,交易期限及价格,交易方式及流程,交易影响及效益分析等方面,从技术层面进行规定和说明。建议配套制定用水权

相关制度,厘清用水权收储交易关键环节与水资源论证、取水许可和计划用水管理制度的关系,针对自备水源用水户、公共供水管网用水户等不同类型用水户,以及农业、工业等规模以上和规模以下的不同规模用水户,围绕用水权凭证申请、备案审批、核查验收、申请及下达用水计划等环节进行详细规定和说明。

8.2.3.3 建立健全用水权交易后评估制度

建议国家层面配套出台用水权交易后评估制度和交易后评估技术要求,明确用水权交易后评估的目的、评估内容与指标、评估方法与流程等。如在政策制度评估方面,重点评估用水权改革制度体系的完整性和系统性、合法合规性、政策制度实施效果等;在影响及效益评估方面,从交易双方取、用、耗水量指标变化,用水效率指标变化,用水效益指标变化,关键生态环境指标变化等方面着手,对用水权交易产生的经济效益、社会效益、生态环境效益及相关影响进行系统评估。

8.2.4 强化用水权改革收储交易市场化运作

8.2.4.1 不断完善用水权收储交易市场准入机制

(1) 明确用水权收储和再交易的对象和情形

建议在《宁夏回族自治区用水权收储交易管理办法》基础上,结合收储交易平台市场化运作要求,进一步细化可以进行(或不可进行)用水权收储和再交易的有关情形,根据用水权交易指标的来源,明确政府有偿收储、无偿收回,以及可以进行再交易的适用条件和有关要求。

(2) 进一步明确参与主体及其职责

建议明确县级以上人民政府、水行政主管部门、用水权市场化收储交易平台、存水方、出让方、交易方等不同类型参与主体,厘清各类参与主体的主要职责。其中,用水权市场化收储交易平台是收储交易业务的服务商,一般由具有水利背景的自治区所属国有企业主导,同时应积极引导金融机构和其他社会资本广泛参与;存水方是具有用水权且具有可交易水指标的用水主体,主要指将用水权存入自治区用水权市场化收储交易平台的用水单位或个人。

8.2.4.2 建立用水权存水机制

(1) 合理划分存水类型和方式

建议根据用水权指标来源及其特点,结合宁夏实际,按照实体水存水业务、用水指标存水业务划分存水类型。其中,实体水存水业务主要针对拥有水库等蓄水工程的地区,存水方需将要存入的水资源的具体数值存入自治区用水权市场化收储交易平台,平台会向收储方开具存单,而实际上水资源仍然保留在需水工程中;用水指标存水业务主要针对区域和用水户等不同层次主体,存水方需要以指标形式将闲置水指标或节约的用水指标存入自治区用水权市场化收储交易平台,到期后结算相应水息。

在存水方式方面,按照活期存水、定期存水等方式存取用水权指标。其中,活期存水指具备较高灵活性的储水方式,可以根据需要对指标进行调整和利用,具有较低的水息;定期存水指具有确定的到期期限,到期后才准提取的水权。以这种形式存入的水,一般是持有方近期暂不使用和作为价值储存的水权。

(2) 研究建立用水权存水机制

为了充分调动用水权指标持有人积极性,发挥用水权市场化收储交易平台的作用,需要进一步挖掘用水权的商品属性,依托用水权市场化收储交易平台建立用水权存水机制。为此,需要结合宁夏用水权改革和用水权收储交易市场实际,建立用水权存水水息机制,明确用水权存水的运作流程及相关要求。存水水息是存水户存水获得的回报,通常以货币进行结算。下一步需要研究提出存水水息的计息方式、计息标准、获取方式等。

8.2.4.3 完善用水权市场化收储机制

(1) 合理制定用水权市场化收储标准

建议针对蓄水工程存储的实体水、区域或用水户取得的用水权指标,以用水权市场化收储交易平台为依托,依据相关政策采取无偿收回和有偿收储等形式进行收储,结合宁夏用水权市场化收储交易实际和交易双方利益诉求,围绕供需双方利益不同步等问题,采取"长期意向"与"短期协议"相结合的方式,分类提出短期收储、长期收储的标准和要求。

(2) 激发出让方收储内生动力,不断优化用水权收储流程

建议剖析用水权指标持有者不愿放弃水权的原因,充分发挥工业用水权有偿使用制度优势,研究建立出让方优先回购机制,降低出让方风险预期,缓解其"惜售"用水权的问题。进一步明确地方水行政主管部门、出让方、用水权收储交易平台在用水权收储过程中承担的角色与作用,在已有相关要求基础上,重点关注闲置的用水权指标,细化用水权收储的处理流程。

(3) 完善用水权收储价格机制

建议根据政府无偿配置或有偿配置的初始用水权,综合考虑水权节余(结

余)指标的工程成本、风险补偿成本、生态补偿成本、资源价值等,分类制定用水权收储价格,不断完善用水权收储价格机制,建立健全用水权收储差异化价格体系,为用水权市场化收储奠定基础。

8.2.4.4 完善用水权市场化交易机制

(1) 合理制定用水权市场化交易标准

建议进一步细化可交易用水权类型,结合交易期限,明确交易方式和途径,结合用水权市场化交易有关要求,进一步明确用水权交易流程,细化用水权交易分配原则和交易资金管理要求。

(2) 完善用水权交易价格机制

建议根据需水方是否为用水权转让方来区分需水方身份,在已有用水权交易定价方法基础上,分类细化用水权交易价格制定的相关要求。其中,需水方为转让方的,可向宁夏用水权市场化收储交易平台优先回购相同的用水指标,回购价格应略高于收储价格,但不宜低于用水权市场中的交易价格;需水方为非转让方的,需要考虑工程成本、资源的稀缺性、交易期限、交易类型、交易用途等差异,核算交易价格,原则上受让方支付的购买价格应高于收储价格。

参考文献

车小磊.广东:探索东江流域水权改革路径[J].中国水利,2018(19):61-63.

陈金木,李晶,王晓娟,等.可交易水权分析与水权交易风险防范[J].中国水利,2015(5):9-12.

陈茂山,陈金木.把水资源作为最大的刚性约束如何破题[J].水利发展研究,2020,20(10):15-19.

陈恬,董增川,姚弘祎,等.考虑水资源承载力的郑州市产业结构优化研究[J].人民黄河,2021,43(3):78-83.

陈霆,徐伟铭,吴升,等.国土空间规划视角下的城镇开发边界划定和空间管控体系构建[J].地球信息科学学报,2022,24(2):263-279.

陈兴华.论中国水权交易培育性监管制度的构建[J].北方工业大学学报,2021,33(2):44-51.

池京云,刘伟,吴初国.澳大利亚水资源和水权管理[J].国土资源情报,2016,(5):11-17.

方丁.关于取水权限制的若干思考——以我国实行"最严格的水资源管理制度"为背景[J].湖北行政学院学报,2012(2):64-69.

封宁,陈丽萍.智利水资源管理及水权登记制度[J].国土资源情报,2016(4):7-11.

付海英,常瑞甫,何苗.生态文明时代农业空间规划内涵及发展趋势[J].农业工程学报,2021,37(14):323-330.

甘泓,秦长海,汪林,等.水资源定价方法与实践研究Ⅰ:水资源价值内涵浅析[J].水利学报,2012,43(3):289-295.

龚春霞.优化配置农业水权的路径分析——以个体农户和农村集体的比较分析为视角[J].思想战线,2018,44(4):108-116.

谷树忠,陈茂山,杨艳,等.深化水权水价制度改革努力消除"公水悲剧"现象[J].水利发展研究,2022,22(4):33-38.

管新建,谭力,张文鸽.基于模糊数学法和生产函数的水权交易价格研究[J].水电能源科学,2019,37(4):148-151.

郭晖,陈向东,范景铭,等.安徽省水资源使用权确权实践探索[J].中国水利,2022(11):32-35.

郭孟卓.对建立水资源刚性约束制度的思考[J].中国水利,2021(14):12-14.

胡庆芳,陈秀敏,高娟,等.水平衡与国土空间协调发展战略研究[J].中国工程科学,2022, 24(5):63-74.

胡晓寒,纪昌明,王丽萍.基于优化和博弈理论的农业用户间水权交易分析[J].水利学报, 2010a,41(5):608-612.

胡晓寒,王浩,纪昌明,等.水资源使用权初始分配理论框架[J].水利学报,2010b,41(9): 1038-1044.

姜文来,武霞,林桐枫.水资源价值模型评价研究[J].地球科学进展,1998,13(2):178-183.

焦士兴,崔思静,王安周,等.河南省城镇化进程与水资源利用响应关系[J].水土保持研究, 2020,27(4):239-246.

李铁男,丁红,张守杰,等.黑龙江省实行最严格水资源管理制度的几点思考[J].黑龙江水利, 2017,3(9):1-3.

李铁男,董鹤,陈娜,等.黑龙江省农业水权转换价格测算与分析——以庆安县为例[J].水利发展研究,2019,19(6):13-19.

李兴拼,汪贻飞,董延军,等.水权制度建设实践中的取水权与用水权[J].水利发展研究, 2018,18(4):14-17.

李兴宇,吴昭军.全民所有自然资源损害救济的权利基础与实现路径——以国家所有权的私权定位为逻辑起点[J].华中科技大学学报(社会科学版),2021,35(4):97-107.

林彦.自然资源国家所有权的行使主体——以立法为中心的考察[J].交大法学,2015(2): 24-33.

刘定湘,罗琳,严婷婷.水资源国家所有权的实现路径及推进对策[J].水资源保护,2019,35 (3):39-43.

刘方亮,耿思敏.美国加州水道工程水权分配和交易的经验启示[J].水利发展研究,2021, 21(11):57-60.

柳长顺,杨彦明,戴向前,等.取水权与取水许可证期限研究[J].中国水利,2016(19):47-48.

马素英,孙梅英,付银环,等.河北省水权确权方法研究与实践探索[J].南水北调与水利科技, 2019,17(4):94-103.

马雯秋,朱道林,姜广辉.面向乡村振兴的农村居民点用地结构转型研究[J].地理研究,2022, 41(10):2615-2630.

倪红珍,赵晶,陈根发.可交易水权界定的理论基础及实证研究[J].中国水利,2018(19): 31-35.

倪津津,袁汝华,吴凤平.水权交易价格设计与方法研究——基于内蒙古盟市间水权交易的应用分析[J].价格理论与实践,2019(3):55-59.

戚笃胜,齐广平.甘肃省疏勒河干流区农业灌溉用水确权方案研究[J].中国水利,2016(7): 11-13.

单平基.论我国水资源的所有权客体属性及其实践功能[J].法律科学(西北政法大学学报),2014,32(1):68-79.

孙健,乔婧,万毅.取水口监测计量现状调查研究[J].水利建设与管理,2023,43(12):9-15.

田贵良.对《关于推进用水权改革的指导意见》的若干理解与认识[J].中国水利,2022a(23):22-24.

田贵良.治水新思路下用水权交易的基准价格研究[J].价格理论与实践,2022b(1):12-16.

王冠军,戴向前,周飞.促进居民节水的水价水平及其测算研究——以北京城市供水为例[J].价格理论与实践,2021(9):59-62.

王浩,许新发,成静清,等.水资源保护利用"四水四定":基本认知与关键技术体系[J].水资源保护,2023,39(1):1-7.

王浩,游进军.中国水资源配置30年[J].水利学报,2016,47(3):265-271.

王丽娟.城市供水系统节水研究[J].安徽水利水电职业技术学院学报.2020,20(3):37-39.

王若禹,赵志轩,黄昌硕,等."四水四定"水资源管控理论研究进展[J].水资源保护,2023,39(4):111-117.

王煜,彭少明,武见,等.黄河流域水资源均衡调控理论与模型研究[J].水利学报,2020,51(1):44-55.

吴凤平,李滢.基于买卖双方影子价格的水权交易基础定价模型研究[J].软科学,2019,33(8):85-89.

武见,明广辉,周翔南,等.黄河流域需水分层预测[J].水资源保护,2020,36(5):31-37.

肖攀.取水权纳入不动产登记的正当性及路径[J].国土资源情报,2020(3):27-34.

肖若石."十四五"时期我国新型城镇化发展研究[J].价格理论与实践,2022(10):29-31.

杨得瑞,李晶,王晓娟,等.我国水权之路如何走[J].水利发展研究,2014,14(1):10-17.

杨皓然.生态补偿成本视角下政府间三江源水权交易价格研究[J].攀登(汉文版),2018,37(3):67-73.

杨朝晖,王彦兵,杨贵羽,等.高质量发展下区域"以水定人"研究——以宁夏回族自治区为例[J].水利水电技术(中英文),2021,52(S2):164-167.

殷会娟,张文鸽,张银华.基于价值流理论的水权交易价格定价方法[J].水利经济,2017,35(2):53-55+74+77-78.

于琪洋.加快推动建立落实水资源刚性约束制度为推进中国式现代化提供有力水资源保障[J].中国水利,2023(24):9-10.

张莉莉,王建文.论取水权交易的私法构造与公法干预[J].江海学刊,2014(3):196-201.

赵志轩,马德仁,王彦兵,等.宁夏深化用水权改革成效及建议[J].中国水利,2023(7):58-62.

祝海洋.建立健全排污权有偿使用和交易价格制度——吉林省排污权有偿使用和交易基准价格的成本调查报告[J].中国经贸导刊,2018(9):71-72.

左其亭,凌敏华,张羽.水资源刚性约束制度研究框架与展望[J].水利水电快报,2024,45(3):6-11.

ZHANG Z Y,ZHANG X L,SHI M J. Urban transformation optimization model:how to evaluate industrial structure under water resource constraints?[J]. Journal of cleaner production, 2018,195:1497-1504.